高职高专"十三五"规划教材

SHENGTAI WENMING JIANMING JIAOCHENG

生态文明简明教程

主 审	宋丛文
主 编	袁继池
副主编	秦武峰　何利华　汪义亚　连　娇
	张　荣　郭淼伊

华中科技大学出版社
http://www.hustp.com
中国·武汉

内容简介

本书包括六部分内容：有关生态的概念、生态问题给人类敲响了警钟、历史和现实呼唤生态文明、生态文明的主要特征、森林是生态文明的重要载体、户外实践——到大自然中感受生态。本书图文并茂，内容通俗易懂，适合高职高专院校作为公共必修课教材，能培养学生保护生态、爱护自然的习惯和素质。

图书在版编目（CIP）数据

生态文明简明教程 / 袁继池主编. — 武汉 : 华中科技大学出版社, 2014.8（2025.1重印）
高职高专"十三五"规划教材
ISBN 978-7-5680-0331-5

Ⅰ.①生…　Ⅱ.①袁…　Ⅲ.①生态环境－环境教育－高等职业教育－教材　Ⅳ.①X171.1

中国版本图书馆 CIP 数据核字(2014)第 183246 号

生态文明简明教程　　　　　　　　　湖北生态工程职业技术学院　　袁继池　　主编

策划编辑：彭中军
责任编辑：彭中军
封面设计：龙文装帧
责任校对：张会军
责任监印：张正林
出版发行：华中科技大学出版社（中国·武汉）
　　　　　武昌喻家山　　邮编：430074　　电话：（027）81321913
录　　排：龙文装帧
印　　刷：武汉市洪林印务有限公司
开　　本：710 mm × 1000 mm　1/16
印　　张：9
字　　数：132 千字
版　　次：2025 年 1 月第 1 版第 12 次印刷
定　　价：32.00 元

湖北生态工程职业技术学院是经湖北省人民政府批准、教育部备案设立的国有公办全日制普通高等院校。学校创建于1952年，地处"九省通衢"的华中重镇武汉市，是国家生态环境建设紧缺人才培养基地、华中地区唯一的一所生态类高校、湖北省十大职业教育品牌项目建设学校、湖北省技能型人才培育突出贡献单位、大学生思想政治教育先进集体和湖北省大学生就业工作先进单位。

湖北生态工程职业技术学院以高度的社会责任感和历史使命感，主动适应生态文明教育需要，充分发挥独特的生态教育资源优势，把生态文明理念的培育放在人才培养的重要位置，把校园作为生态文明教育的主阵地，拥有一批内涵丰富、特色鲜明的生态教育设施，开展形式多样的生态文明教育实践活动，发挥生态文明教育的感召力和辐射力，构筑了生态文明教育的校园文化高地。在首届"中国·湖北生态文化论坛"

湖北生态工程职业技术学院

生态教育设施一

生态文明教育的基地 美丽事业人才的摇篮

——湖北生态工程职业技术学院

生态教育设施二

上，学校获得"湖北省生态文明教育基地"称号，是湖北省高职院校中首家入选湖北省生态文明教育基地的院校。

学校紧紧抓住全社会重视生态文明建设的大好机遇，高举"服务生态文明，建设美丽中国"的大旗，进一步加大特色专业的建设力度，以打造山水风光美、城市环境美、居室艺术美、休闲生活美为己任，合理调整专业结构，优化专业设置，形成了以生态类专业为特色、重点突出、布局合理的专业课程体系，打造了湖北独一无二的生态品牌。多年来，学校为"建设美丽中国"事业培养了一大批品学兼优、德技双馨的高素质技术技能型人才，是湖北乃至华中地区生态类人才成长的摇篮。

好风凭借力，送我上青云。中共十八大提出"要把生态文明建设放在突出位置"，规划了"建设美丽中国"的宏伟蓝图，为生态人才大展宏图创造了广阔的舞台，也为湖北生态工程职业技术学院的发展带来了前所未有的大好机遇。学校将紧紧围绕"质量立校、特色兴校、改革活校、创新强校"的办学思想，乘生态文明春风，走生态特色发展之路，激流勇进，迈向新的辉煌！

目 录

CONTENTS

第一讲　有关生态的概念　/1

一、先说说"生态"这个词 …………………………………………… 2
二、从"生态球"看生态系统 ……………………………………… 3
三、大自然神奇的食物链 …………………………………………… 5
四、草原上的狼和羊 ………………………………………………… 7
五、渡渡鸟与大颅榄树的启示 ……………………………………… 8
六、灭"四害"的遗憾 ……………………………………………… 11
七、千姿百态的生态系统 …………………………………………… 13
八、令人感激的生态系统服务 ……………………………………… 17

第二讲　生态问题给人类敲响了警钟　/19

一、世纪之殇："长江女神"白鱀豚灭绝 ………………………… 20
二、人间地狱：飓风过后的新奥尔良市 …………………………… 22
三、梦乡人祸：印度博帕尔事件 …………………………………… 23
四、爱河遗恨：危害久远的爱河事件 ……………………………… 25
五、夺命洪魔：1998 年长江特大洪水 …………………………… 26
六、如影随形：林林总总的生态问题 ……………………………… 28
七、石破天惊：13 亿除法的结果 ………………………………… 35
八、触目惊心：高速发展的生态代价 ……………………………… 37

第三讲　历史和现实呼唤生态文明　/41

一、从"被主宰"到"征服者" …………………………………… 42
二、人与自然关系已严重失衡 ……………………………………… 45
三、世外桃源没有想象中美丽 ……………………………………… 47
四、西方进行过值得借鉴的探索 …………………………………… 52
五、中华文明有"天人合一"的传统 ……………………………… 54
六、生态文明是必由之路 …………………………………………… 56

第四讲　生态文明的主要特征　/59

一、和谐共生的绿色理念 ……………………………… 60
二、节能减排的绿色生产 ……………………………… 62
三、人与天调的绿色生活 ……………………………… 64
四、生态宜居的绿色城市 ……………………………… 71
五、合作治理的绿色行政 ……………………………… 75
六、芳菲斗艳的生态文化 ……………………………… 77
七、尊重环境权的生态法制 …………………………… 78

第五讲　生态文明建设的重要内容　/81

一、优化国土空间开发格局 …………………………… 82
二、全面促进资源节约 ………………………………… 85
三、加大自然生态系统和环境保护力度 ……………… 89
四、切实加强生态文明制度建设 ……………………… 95
五、广泛开展生态文明宣传教育 ……………………… 97

第六讲　森林是生态文明的重要载体　/99

一、伴随人类一路从远古走来 ………………………… 100
二、枝叶扶苏的身影遍布大地 ………………………… 101
三、名副其实的"绿色水库" …………………………… 102
四、帮助人类迈向低碳时代 …………………………… 104
五、资源宝藏包罗万象 ………………………………… 105
六、地球生物圈当之无愧的灵魂 ……………………… 108
七、人类永恒的精神家园 ……………………………… 109
八、关爱森林——全人类共同的职责 ………………… 111

户外实践　到大自然中感受生态　/113

一、认一认停僮葱翠的树木 …………………………… 114
二、赏一赏千娇百媚的花卉 …………………………… 123
三、看一看亚洲第一的天坑 …………………………… 132
四、游一游风景秀丽的雷山 …………………………… 135
思考与讨论 …………………………………………… 137

参考文献　/138

生态文明简明教程

自然保护区

　　自然保护区是指对有代表性的自然生态系统、珍稀濒危野生动植物物种的天然集中分布、有特殊意义的自然遗迹等保护对象所在的陆地、水域或海域，依法划出一定面积予以特殊保护和管理的区域。

　　神农架国家级自然保护区，位于湖北省西北部，总面积70467公顷，森林覆盖率96%；境内3000米以上的山峰有6座，素有"华中屋脊"之称；是国家级森林和野生动物类型自然保护区。该保护区内林海苍茫，有维管束植物3400余种，其中珙桐等26种珍稀植物被列为国家重点保护植物。该保护区内的兽类、鸟类、鱼类、两栖、爬行类动物共有493种；其中金丝猴等73种珍稀动物被列为国家级保护动物。

　　九宫山国家级自然保护区，位于湖北省通山县南部地区，总面积16608.7公顷；为国家级自然保护区，属自然生态系统类中的森林生态系统类型自然保护区。该保护区内山高谷深，坡陡谷狭，岭谷相间平行排列，在冰川、流水和风化等外力作用下，形成了独特的中山地貌景观。该保护区海拔在１００～1657米之间，北缘河谷海拔仅100余米，最高峰老鸦尖海拔1656.7米。

　　星斗山自然保护区，位于湖北省西南利川、恩施、咸丰三地境内，总面积68339公顷，属野生生物类别野生植物类型自然保护区。因有大巴山系巫山余脉作屏障成为第三纪植物"避难所"。该保护区内植被丰富而复杂，集中保存了大量古老孑遗、濒危珍稀植物和野生动物。其中国家一级重点保护植物有水杉、珙桐、光叶珙桐、红豆杉、南方红豆杉、银杏、钟萼木、莼菜8种；国家二级重点保护植物有秃杉等29种。

一、先说说"生态"这个词

要说在中国当前流行的词汇中，使用频率高、搭配范围广、想象空间大的词就有"生态"，比如政治生态、文化生态、生态城市、生态旅游等，不胜枚举。"生态"成为地球上的世外桃源，成为人们梦境里的"香格里拉"，成为天然美、原始美、自然美的代名词，象征着物种多样性的过去、现在和未来，象征着人类与自然的和谐相处。

南朝梁简文帝《筝赋》记载："丹荑成叶，翠阴如黛。佳人采掇，动容生态。"《东周列国志》第十七回记载："（息妫）目如秋水，脸似桃花，长短适中，举动生态，目中未见其二。"其中的"生态"是显露美好姿态的意思。

唐朝杜甫《晓发公安》诗："邻鸡野哭如昨日，物色生态能几时。"明朝刘基《解语花·咏柳》词："依依旎旎、袅袅娟娟，生态真无比。"其中的"生态"意为生动。

秦牧在《艺海拾贝·虾趣》中写道："我曾经把一只虾养活了一个多月，观察过虾的生态。"其中的"生态"是指生物的生理特性和生活习性。

现代"生态"一词源于古希腊，原意指"住所"或"栖息地"，意思是指家或环境。简单地说，生态就是指一切生物的生存状态，以及不同生物个体之间、生物与环境之间的关系。

1866 年，德国生物学家 E.海克尔（Ernst Heinrich Haeckel）最早提出生态学的概念，当时认为它是研究动植物及其环境之间、动物与植物之间及其对生态系统的影响的一门学科。日本东京帝国大学三好学在 1895 年把 ecology 一词译为"生态学"，后经武汉大学张挺教授介绍，引介到我国。

如今，"生态"一词涉及的范畴也越来越广，人们常常用"生态"来定义许多美好的事物，如健康的事物、美的事物、和谐的事物均可冠以"生态"修饰。在我国常用生态表征一种理想状态，出现了生态城市、生态乡村、生态食品、生态旅游等提法。当然，不同文化背景的人对"生态"的定义会有所不同，多元的世界有多元的文化。

二、从"生态球"看生态系统

大家可能都见过一个名为"生态球"（见图1-1）的东西，它被人们冠以"世界上最省心的宠物""封闭式水族馆"等称号，集装饰性、观赏性及教育性等于一体。

图1-1 有趣的生态球

生态球是一个全封闭式的生态系统——一个装在玻璃中的完整、独立且自我生存的微型世界，内有微生物、虾和藻类，它们生活在过滤后的、清澈的海水中。光线和水中的二氧化碳可让藻类进行光合作用，产生氧气；虾吸入氧气，释放二氧化碳，并以藻类及微生物为食物，排出废物；微生物则把虾的排泄物分解成无机营养物，同时也产生二氧化碳，供藻类使用。生态球可以帮助我们认识、研究和理解自然界生态系统的一般结构和

> **知识点：生态系统**
>
> 生态系统是指在一个特定的环境里，其间的所有生物和特定环境的统称。此特定环境里的非生物（如空气、水、土壤等）与其间的生物之间相互作用，不断地进行物质和能量的交换，并通过物质流和能量流的连接，形成一个整体（系统），即生态系统或生态系。

运行规律。

与生态球类似，自然界任何生物与环境不可分割地相互联系、相互作用，共同形成一个统一的整体。这个统一整体称为生态系统，它是由"无机环境"和"生物群落"两个部分构成的。生态系统关系图如图 1-2 所示。

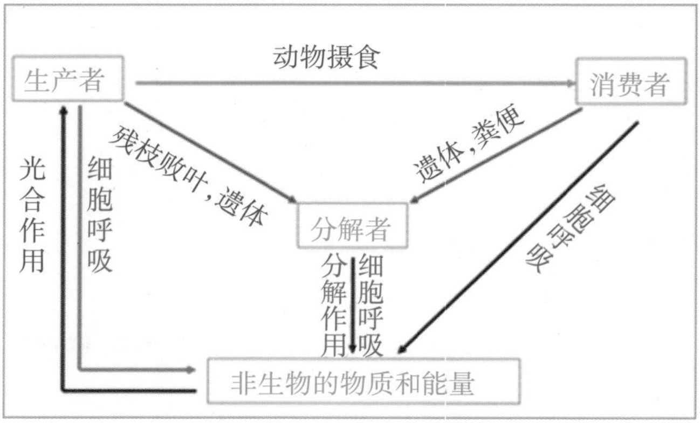

图 1-2　生态系统关系图

所谓无机环境是指生态系统的非生物组成部分，包括阳光、水、无机盐、空气、有机质、岩石等。阳光是绝大多数生态系统直接的能量来源，水、空气、无机盐与有机质都是生物不可或缺的物质基础。生物群落是指生活在一定的自然区域内，相互之间具有直接或间接关系的各种生物的总和，包括生产者、消费者和分解者。

生产者主要是指各种绿色植物。它们利用太阳能进行光合作用合成有机物，还能为各种生物提供栖息、繁殖的场所，是生态系统的主要组成部分，是连接无机环境和生物群落的桥梁。

分解者又称"还原者"，是一类异养生物，以各种细菌和真菌为主，也包含蜣螂（屎壳郎）、蚯蚓等动物。分解者可以将生态系统中的各种无生命的复杂有机质（尸体、粪便等）分解成水、二氧化碳、铵盐等可以被生产者重新利用的物质，完成物质的循环。分解者、生产者与无机环境就可以构成一个简单的生态系统。分解者是生态系统的必要组成部分。

消费者是指以动植物为食的异养生物。消费者的范围非常广，包括几乎所有动物和部分微生物（主要有真菌和细菌）。它们通过捕食和寄生关系在生态系统中传递能量。其中，以生产者为食的消费者被称为初级消费者，以初级消费者为食的消费者被称为次级消费者，其后还有三级消费者与四级消费者等。

一个生态系统只需生产者和分解者就可以维持正常运转。数量众多的消费者的存在，一方面使生态系统丰富多彩，另一方面在生态系统中也起到了加快能量转换和物质循环的作用，可以看成是一种催化剂。水域生态系统如图1-3所示。

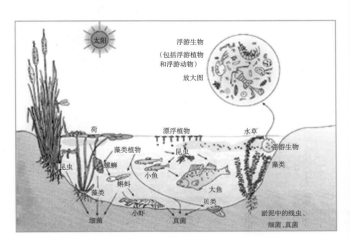

图1-3　水域生态系统

三、大自然神奇的食物链

"大鱼吃小鱼，小鱼吃虾米，虾米吃泥巴。"这句话很好地描述了池塘生态系统中生物吃与被吃的关系。"螳螂捕蝉，黄雀在后。"这句话反映了丛林生态系统内动物世界的弱肉强食关系。在自然界的生存斗争中，一切动植物彼此之间都存在吃与被吃的复杂关系。这种吃与被吃的关系，构成了一个链条，人们把它称为食物链。森林生态系统食物网如图1-4所示。

从植物和动物最初出现到今天，提供食物和取得食物的连锁关系基本上没有改变，营养物质通过食物链在不同的生物之间循环。按照生物之间的相互关系，食物链主要有以下三种类型。

一是捕食性食物链。以植物为起点，由植物到小动物，再到大动物，后者捕食前者。植物→昆虫→青蛙→蛇→鹰，就属于这种类型。

二是寄生性食物链。以大动物为基础，小动物寄生在大动物身上，如跳

图1-4 森林生态系统食物网

蚤寄生在动物身体上，跳蚤体内有原生动物寄生，原生动物又成为细菌的宿主，而细菌上又可能寄生病毒。大动物→寄生动物→原生动物→细菌→病毒，就属于这种类型。

三是腐生性食物链。动植物死亡之后被细菌和真菌分解，能量直接从生产者或各级死亡的动植物遗体流向分解者。腐烂碎屑被消耗分解，最终释放出二氧化碳、矿物盐类等，也称为分解链。植物遗体→蚯蚓→线虫类→节肢动物，就属于这种类型。

在生态系统中，食物链并不限于简单的直线形式，许多动物在食物链上不止占有一个位置，有的既吃植物，也吃动物，而它们又能被不同的消费者所食用，因此，食物链不是孤立存在的，它们相互交织、相互连接，形成复杂的、多方向的食物网结构。有些食物链甚至能从一个洲伸延到另一个洲，

知识点：三大生态功能

能量流动：生态系统中能量输入、传递、转化和丧失的过程。在生产者将太阳能固定后，能量就以化学能的形式（不可逆且逐级递减）通过食物链与食物网在生态系统中传递。

物质循环：能量流动推动着各种物质在生物群落与无机环境间循环。这里的物质包括组成生物体的基础元素：碳、氮、硫、磷，以及以DDT为代表的、能长时间稳定存在的有毒物质。

信息传递：通过物理、化学等方式在生态系统中传递信息。如：蚜虫等昆虫的翅膀只有在特定的光照条件下才能产生；光信息对植物开花时间有重要影响；当草返青时，"绿色"为食草动物提供了可以采食的信息。

例如通过飞鸟，就能构成这种洲际食物链。DDT 是一种杀虫剂，原在温带和热带国家中使用，但科学家却在南极企鹅的脂肪组织中发现了 DDT。虽然其传播方式还不太清楚，但这一事实突出地表明，在全球范围内，生物圈系统已被连成一个巨大的"网络"。

食物链网是生态系统的重要结构，是生态系统长期发展形成的。生物种类越多，食物链网也越复杂，生态系统也越稳定。生态系统的能量来自太阳。太阳能以光能的形式被生产者固定下来，之后就开始了在生态系统中的传递。能量传递是不可逆并逐级递减的，其主要途径是食物链与食物网。食物链和食物网构成了物种间的营养关系。生产者被称为第一营养级，初级消费者被称为第二营养级，依此类推。由于能量的逐级递减，一条食物链营养级一般不超过五级。

四、草原上的狼和羊

在草原生态系统中，相对于羊来讲，狼是绝对的强者。但在人类过度干预之前，草原上的狼从来都不可能，也没有吃光所有的羊。相反，一个草原上狼多的时候，往往正是羊多的时候。其实这很好理解，狼以羊为食，狼大量捕食羊，造成羊的数量大量减少，狼的数量也会随着减少；当狼的数量减少到一定程度，羊由于天敌减少而数量回升；羊的数量回升，造成狼的食物充足，狼的数量也会回升；当狼的数量回升到一定程度时，羊的数量又大量减少。草原上羊和狼之间是由于物质和能量的输入和输出之间达到了相对稳定的状态，才保证两者的数量在一定范围内变动，从而保持相对的动态平衡。

这个例子告诉我们：生态系统的一个重要特点是它常常趋向于达到一种稳态或平衡状态，这种稳态是靠自我调节来实现的。当生态系统中某一成分发生变化时，它必然会引起其他成分出现相应的变化，这种变化又会反过来影响最初发生变化的那种成分，使其变化减弱或增强，这种过程称为反馈。

知识点：生态平衡

在一定时间内生态系统中的生物和环境之间、生物各个种群之间，通过能量流动、物质循环和信息传递，使它们相互之间达到高度适应、协调和统一的状态。

生态平衡是动态平衡，总会因系统中某一部分先发生改变，引起不平衡，然后依靠生态系统的自我调节能力使其又进入新的平衡状态。

生态平衡是相对的，系统对外界的干扰和压力具有一定的弹性，其自我调节能力也是有限度的，如果外界干扰或压力在其所能忍受的范围之内，它可以通过自我调节能力得以恢复；如果外界干扰或压力超过了它所能承受的极限，其自我调节能力也就遭到了破坏，生态系统就会破坏，甚至崩溃。

反馈能够使生态系统趋于平衡或稳定。生态系统中的反馈现象十分复杂，既表现在生物组分与环境之间，又表现于生物各组分之间和结构与功能之间。在一个生态系统中，当被捕食者数量很多时，捕食者因获得充足食物而大量发展；捕食者数量增多后，被捕食者数量又减少，捕食者由于得不到足够食物，数量自然减少。两者互为因果，此消彼长，维持着个体数量的大致平衡。这仅是以两个种群数量的相互制约关系的简单例子，说明在无外力干预的情况下反馈机制和自我调节的作用，实际情况却要复杂得多。当生态系统受到外界干扰而被破坏时，只要不过分严重，一般都可通过自我调节使系统得到修复，维持其稳定与平衡。

生态系统的自我调节能力是有限度的。当外界压力很大，系统的变化超过了自我调节能力的限度即"生态阈限"时，它的自我调节能力便随之下降，以至于消失。此时，系统结构被破坏，功能受阻，以致整个系统受到伤害甚至崩溃，此即通常所说的生态平衡失调。

五、渡渡鸟与大颅榄树的启示

非洲的岛国毛里求斯曾有两种独特的生物：渡渡鸟和大颅榄树。渡渡鸟（见图 1-5）是一种不会飞的鸟，身体大，行动慢，样子也不好看。幸好岛上没有天敌，它们得以在树林里建窝孵蛋，繁育后代。

知识点：生态自我调节

生态系统保持自身稳定的能力称为生态系统的自我调节能力。

对污染物的入侵，生态系统表现出一定的自净能力，也是系统调节的结果。生态系统的结构越复杂，能量流和物质循环的途径越多，其调节能力，或者抵抗外力影响的能力就越强。反之，结构越简单，生态系统维持平衡的能力就越弱。农田和果园生态系统是脆弱生态系统的例子。

一个生态系统的调节能力是有限度的。外力的影响超出这个限度，生态平衡就会遭到破坏，生态系统就会在短时间内发生结构上的变化，一些物种的种群规模发生剧烈变化，另一些物种则可能消失，也可能产生新的物种。但变化总的结果往往是不利的，它削弱了生态系统的调节能力。

大颅榄树是一种珍贵的树木，树干挺拔，木质坚硬，木纹很细，树冠秀美。渡渡鸟喜欢在大颅榄树的林中生活，在渡渡鸟经过的地方，大颅榄树林总是繁茂，幼苗苗壮。

16 世纪后期，带着猎枪和猎犬的欧洲人来到了毛里求斯，不会飞又跑不快的渡渡鸟厄运降临。枪打狗咬，鸟飞蛋打，大量的渡渡鸟被捕杀，就连幼鸟和蛋也不能幸免，数量越来越少。1681 年，最后一只

图 1-5　渡渡鸟

渡渡鸟被残忍地杀害。从此，地球上再也见不到渡渡鸟了，只有在博物馆的标本室和画家的图画中才能见到它们。

奇怪的是，渡渡鸟绝灭以后，大颅榄树也日渐稀少，似乎患上了"不育症"。到 20 世纪 80 年代，毛里求斯只剩下 13 株大颅榄树，这种名贵的树快要从地球上消失了。这表明生态失去了平衡。生态平衡如图 1-6 所示。

这使生态学家深感焦虑，大自然创造一个物种要成千上万年，无论人类多么心灵手巧，现在也难以创造出大颅榄树来。抢救大颅榄树成了一项紧急的任务。一些科学家认为，是毛里求斯的土壤结构发生了变化，引起一些植

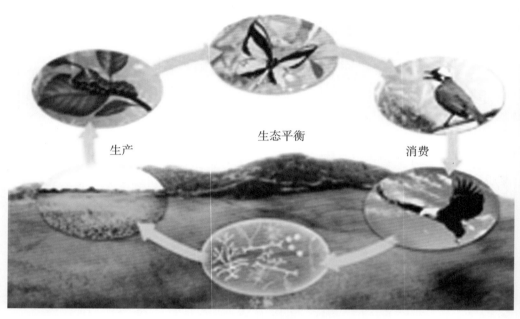

生产　　　　　　生态平衡　　　　　　消费

图1-6　生态平衡

物无法在这片土地上生长，于是，大家便在毛里求斯的土质结构上找原因。可是几年过去了，没有任何进展。

　　1981年，美国生态学家坦普尔也来到毛里求斯研究这种树木。这一年，正好是渡渡鸟灭绝300周年。坦普尔细心地测定了大颅榄树年轮后发现，它的树龄正好是300年，也就是说，渡渡鸟灭绝之日，也正是大颅榄树"绝育"之时。

图1-7　大颅榄树的种子

　　这个巧合引起了坦普尔的兴趣，他到处找渡渡鸟的遗骸。最后，他终于找到了一只渡渡鸟的遗骸，遗骸中还夹着几颗大颅榄树的果实。原来渡渡鸟喜欢吃这种树木的果实。大颅榄树的种子如图1-7所示。

一个想法浮现在他的脑海：也许渡渡鸟与大颅榄树种子发芽有关!可惜世界上没有渡渡鸟了，不过他想，像渡渡鸟那样不会飞的大鸟还有，吐绶鸡就是一种。他让吐绶鸡吃下大颅榄树的果实，几天后，种子排出体外，果实被消化掉了，种子外边的硬壳也消化了一层。坦普尔把这些种子栽在苗圃里，不久，种子长出了绿油油的嫩芽，大颅榄树的"不育症"被治好了，这种宝贵树木终于绝境逢生。

原来渡渡鸟与大颅榄树相依为命，鸟以果实为生，杀灭了渡渡鸟，造成了大颅榄树的"绝育"，实际上也扼杀了大颅榄树的生机。

这个事例告诉我们：生态系统中各种生物之间的关系是错综复杂的，生物之间有些表面上看起来风马牛不相及，但它们往往却联系紧密，互为因果，一荣俱荣，一损俱损。

六、灭"四害"的遗憾

在渡渡鸟与大颅榄树的故事中，人类行为的不正当性是显而易见的。这种为了人类一己私利而对生态系统造成破坏的行为在现代社会中会受到舆论的谴责和法律的制裁，控制这种行为反而相对简单。下面的事例告诉我们的是另外一种情况。

20世纪50年代，我国曾发起把麻雀（见图1-8）作为"四害"之一来消灭的运动。可是在大量捕杀麻雀之后的几年里，却出现了严重的虫灾，使农业生产受到巨大的损失。后来科学家发现，麻雀是吃害虫

图1-8　麻雀

的好手。消灭了麻雀，害虫没有了天敌，就大肆繁殖，导致了虫灾发生、农田绝收等一系列惨痛的后果。

在我国遥远的南海上，有一群岛屿——西沙群岛。岛上生长着青翠的树林，生活着各种昆虫和海鸟。驻防的解放军为了改善生活条件，于是自力更生，在岛上养了鸡。后来，经过不断繁殖，鸡越来越多。可是，没过多久，不知为什么这里的老鼠成了灾。由于老鼠的危害，岛上的鸡大量死亡。侥幸活下来的鸡干脆躲进树林里，再也不敢出来。为了消灭老鼠，战士们又把猫带到小岛上。果然，老鼠就被消灭了。可是，战士们在岛上巡逻时，又发现低矮的麻枫桐树下有一堆堆鲣鸟的尸体，原来是猫作的孽。猫不仅吃老鼠，而且危害珍贵的鲣鸟。为了不让这群馋猫残害鲣鸟，战士们又养起了狗。狗的嗅觉很灵敏，一发现猫，就扑上去把猫咬死。猫少了，老鼠又再次猖獗起来。狗爱打架，成群结队的狗相互打闹，到处乱叫，搅得小岛整日不得安宁。

夏威夷群岛的蜗牛灾害发生在 20 世纪 30 年代。一些商人把非洲的大蜗牛运到夏威夷群岛，供人养殖食用。有的蜗牛长老了，不能食用，就被扔在野外。不到几年，蜗牛大量繁殖，遍地都是，把蔬菜、水果啃得乱七八糟。人们喷洒化学药剂，连续 15 年翻耕土地也不能除净。

兔子并不是澳大利亚土生的，在 1859 年以前，那里还没有兔子。但在那一年，有一个农民从英格兰带来了 2 只兔子。他完全没有料到，他的这一举动将会引起农业灾难。在澳大利亚兔子几乎没有什么天敌，所以经过几十年它们已成为一个大问题。它们吃庄稼，毁坏新播下的种子，啃嫩树皮和芽，并且打地洞损坏田地和河堤。筑篱笆也不能阻止它们侵入农民的田地。在几十年时间里，澳大利亚的农业遭受了惨重的损失。直到 1950 年，人们又尝试了一种控制兔子的新方法，一种能杀死兔子的病，即黏液瘤病被引入澳大利亚。科学家先将该病传染给蚊子，然后经蚊子再传染给兔子。黏液瘤病一经引入，便在整个兔群中快速传播。在澳大利亚东南地区，几乎 80% 的兔子都被消灭了。

以上这些故事告诉我们，世界上千万种生物组成了一台十分巧妙的"机器"，各种生物是这台机器的零件，它们互相依赖，互相影响，如果人类不小心无意中触动了机器中的一个零件，就可能带来许多麻烦。人类对生态系统的积极干预是必要的，也是必需的，但这种干预应当慎之又慎。生态系统中各要素之间的依存关系十分复杂，人类对其的认识还比较有限，所以有时为了美好的愿望而对生态系统进行的干预，可能会产生许多意想不到的负面效果。

七、千姿百态的生态系统

生态系统有众多的类型，但从大的方面讲，一般可分为自然生态系统和人工生态系统。自然生态系统还可进一步分为水域生态系统和陆地生态系统。人工生态系统则可以分为农田、城市等生态系统。生态系统的分类如图1-9所示。

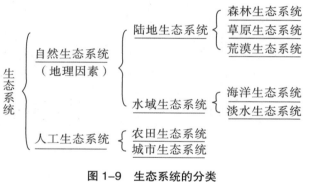

图1-9　生态系统的分类

陆地生态系统又可划分为森林生态系统、草原生态系统和荒漠生态系统；水域生态也可进一步细分为海洋生态系统和淡水生态系统。还可以继续划分下去，所以，用千姿百态来形容生态系统一点都不夸张。

森林生态系统是森林群落与其环境在功能流的作用下形成一定结构、功能和自调控的自然综合体，是陆地生态系统中面积最多、最重要的自然生态系统。与其他陆地生态系统相比，是生物种类多、结构复杂、能量转换和物质循环旺盛、生物生产力和现存量大、稳定性程度高和生态效益好的生态系统。森林生态系统包括热带雨林生态系统、常绿阔叶林生态系统、落叶阔叶林生态系统及寒温带针叶林生态系统等几个子类。其中，热带雨林生态系统主要分布在赤道两侧纬度 20°范围内，这些地区年平均温度 23～28℃，年降水量一般超过 2000 毫米，终年高温多雨，土壤多为砖红壤。丰富的热量和分明的季节而又充足的水分为生物提供了优越条件。常绿阔叶林发育在湿润的亚热带气候地带，南北美洲、非洲、大洋洲均有分布，在亚洲以我国分布的面积最大。落叶阔叶林生态系统由夏季长叶冬季落叶的乔木组成的森林称为夏绿阔叶林或落叶阔叶林。它是在温带海洋性气候条件下形成的地带性植被。在我国主要分布在东北和华北地区。其季节变化十分显著，群落结构较为清晰，其中的乔木大多是风媒花植物，林中藤本植物不发达。澳大利亚昆士兰的热带雨林如图 1-10 所示。

图 1-10　澳大利亚昆士兰的热带雨林

草原生态系统是以各种多年生草本占优势的生物群落与其环境构成的功能综合体，面积仅次于森林生态系统。草原是一种地带性的类型，可分为温带草原和热带草原两类生态系统。热带草原主要分布于非洲、南美洲和大洋洲的半干旱地区，以高大禾本科植物为主，常散生一些不高的乔木和灌木，也称稀树草原，如图 1-11 所示。

沙漠生态系统主要分布在亚热带和温带极端干燥少雨的地区，在北半球形成一条明显的荒漠地带。我国的荒漠分布于西北和内蒙古地区。陕西定边的蛇状"波痕"如图 1-12 所示。荒漠地区为极端大陆性气候，年降水量大都在 250 毫米以下，蒸发量是降水量的许多倍。温度变化剧烈，尤以日夜温差最大，并多有风沙与尘暴出现。严酷的自然条件限制了许多植物的生长，只有为数不多的超旱生半乔木、半灌木、小半灌木和灌木或肉质的仙人掌类植物稀疏地分布。所以群落的植物种类贫乏，结构简单，覆盖度低，有些地面完全裸露。由于食物资源比较单调和贫乏，动物的种类不多，数量也少，

图1-11　稀树大草原

常见的有昆虫、蜥蜴、啮齿类和某些鸟类。许多动物具有高度适应干旱环境的特征，如夏眠、夜间活动、长期不饮水、没有汗腺和排放高浓度的尿液等。

图1-12　陕西定边的蛇状"波痕"

湿地生态系统是陆地与水域之间水陆相互作用形成的特殊的自然综合体。湿地包括所有的陆地淡水生态系统，如河流、湖泊、沼泽，以及陆地和海洋过渡地带的滨海湿地生态系统，同时还包括海洋边缘部分咸水、半咸水水域。全球湿地面积约有570万平方千米，约占地球陆地面积的6%。湿地同陆地、海洋相比面积相对较小，但湿地生态系统（见图1-13）支持了全部淡水生物群落和部分盐生生物群落，它兼有水域和陆地生态系统的特点，具有极其特殊的生态功能，是地球上最重要的生命支持系统。国际上通常把森林、海洋和湿地并称为全球三大生态系统。

农业生态系统（见图 1-14）是在一定时间和地区内，人类从事农业生产，利用农业生物与非生物环境之间以及与生物种群之间的关系，在人工调节和控制下建立起来的各种形式和不同发展水平的农业生产体系。与自然生态系统一样，农业生态系统也是由农业环境因素、绿色植物、各种动物和各种微生物四大基本要素构成的物质循环和能量转化系统，具备生产力、稳定性和持续性等三大特性。

图 1-13　湿地生态系统

图 1-14　农业生态系统

城市生态系统是城市居民与其环境相互作用而形成的统一整体，也是人类对自然环境的适应、加工、改造而建设起来的特殊的人工生态系统。城市生态系统不仅有生物组成要素(植物、动物和细菌、真菌、病毒)和非生物组成要素(光、热、水、大气等)，而且包括人类和社会经济要素。这些要素通过能量流动、生物地球化学循环以及物资供应与废物处理系统，形成一个具有内在联系的统一整体。

在城市生态系统（见图 1-15）中，人起着重要的支配作用，这一点与自然生态系统明显不同。在自然生态系统中，能量的最终来源是太阳，在物质

图 1-15　城市生态系统

方面则可以通过生物地球化学循环而达到自给自足。城市生态系统就不同了，它所需求的大部分能量和物质，都需要从其他生态系统(如农田生态系统、森林生态系统、草原生态系统、湖泊生态系统、海洋生态系统)人为地输入。同时，城市中人类在生产活动和日常生活中所产生的大量废物，由于不能完全在本系统内分解和再利用，必须输送到其他生态系统中去。由此可见，城市生态系统对其他生态系统具有很大的依赖性，因而也是非常脆弱的生态系统。由于城市生态系统需要从其他生态系统中输入大量的物质和能量，同时又将大量废物排放到其他生态系统中去，它就必然会对其他生态系统造成强大的冲击和干扰。

八、令人感激的生态系统服务

　　生态系统不仅向经济社会系统输入有用物质和能量，接受和转化来自经济社会系统的废弃物，而且还直接向人类社会成员提供服务，如人们普遍享用的洁净空气、水等舒适性资源。生态系统是生命支持系统，是人类经济社会赖以生存和发展的基础，零自然资本意味着零人类福利。载人宇宙飞行和生物圈 II 号实验的高昂代价表明，用纯粹的"非自然"资本代替自然资本是不可行的，人造资本和人力资本都需要依靠自然资本来构建。生态系统服务和自然资本对人类的总价值是无限大的，但与传统经济学意义上的服务（它实际上是一种购买和消费同时进行的商品）不同，生态系统服务只有一小部

知识点：生态系统服务

生态系统服务是指人类直接或间接从生态系统得到的利益，主要包括向经济社会系统输入有用物质和能量、接受和转化来自经济社会系统的废弃物，以及直接向人类社会成员提供服务（如人们普遍享用的洁净空气、水等舒适性资源）。

全球生态系统每年能够产生的服务总价值为 16 万亿～54 万亿美元，平均为 33 万亿美元。

分能够进入市场被买卖，大多数生态系统服务是公共品或准公共品，无法进入市场。生态系统服务以长期服务流形式出现，能够带来这些服务流的生态系统是自然资本，也应当得到社会的认可。

生态系统服务可以分为生态系统产品和生命系统支持功能。生态系统产品是指自然生态系统所产生的，能为人类带来直接利益的因子，包括食品、医用药品、加工原料、动力工具、欣赏景观、娱乐材料等。它们有的本来就是现实市场交易的对象，有的已经通过市场手段来对应地补偿。

生命系统支持功能主要包括固定二氧化碳稳定大气、调节气候、对干扰的缓冲、水文调节、水资源供应、水土保持、土壤熟化、营养元素循环、废弃物处理、食物生产、遗传资源库、休闲娱乐场所，以及科研、教育、美学、艺术等。生命系统支持功能给人类创造的价值更大、更多。生态系统服务功能分类如图 1-16 所示。

就大多数情况而言，生态系统的服务并没有引起人们应有的重视和关注。而只有确切知道生态系统给人类提供的服务功能价值，人类才能正确地处理社会经济发展与生态环境保护之间的关系，与自然和谐相处，共生共赢。

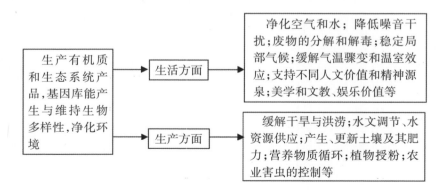

图 1-16 生态系统服务功能分类

湿地保护区

　　湿地指天然或人工形成的沼泽地等带有静止或流动水体的成片浅水区，还包括在低潮时水深不超过 6 米的水域。湿地与森林、海洋并称全球三大生态系统，在世界各地分布广泛。

　　洪湖湿地自然保护区是位于千湖之省——湖北省的洪湖市西南部，长江中游北岸，是湖北省首家湿地类型自然保护区。该保护区现有保护面积41412.069公顷，为湖北省第一大湖泊。全湖呈多边几何形，湖岸平直，湖底平坦。湖水呈淡绿色，大部分湖面绿水荡漾，清澈见底。

　　梁子湖湿地自然保护区是湖北省容水量最大的淡水湖之一，湖面面积位居全省第二。该保护区属自然生态系统类的内陆湿地和水域生态系统类型自然保护区，主要保护对象是淡水湿地生态系统、珍稀水禽和淡水资源。

　　龙感湖自然保护区是中国长江中下游重要的湿地保护区之一，位于湖北省黄冈市黄梅县东南部。该保护区是由湖泊、滩涂、草甸等组成的以生物多样性和内陆水域生态系统为主要保护对象的湿地类型自然保护区，是中国淡水湖泊中保持最为完好的重要湖泊湿地之一。

虽然"生态"这个词有悠久的历史，但作为一个高频词进入各种媒体，广受人们关注，还没有太长的时间，在中国是近十几年的事情。生态受人关注的诱因应当归结于发生在全球的、让人们谈之色变的生态灾难，与人们生产生活如影随形的各类生态问题，特别是我国为持续30多年经济高速发展所付出的高昂生态代价。

一、世纪之殇："长江女神"白鳍豚灭绝

两艘480马力的机船，在整整39天里，来回奔波于长江上。这是来自由中国、美国、瑞士、英国、日本、德国等多国科学家组成的科考队在我国长江进行的一次大规模的淡水豚类考察活动。

科考队强调，若发现白鳍豚，大船须立即放下小艇，以获得影像信息并在可能的情况下进行录音。但是在考察的39天中，这样的情况一次也没有发生。

科学家在2007年8月8日出版的《皇家协会生物信笺》期刊内发表报告，无奈地正式公布白鳍豚绝种。他们说，白鳍豚

> **知识点：生态灾难**
>
> 生态灾难是指特殊干扰事件引起的生态性结构损毁与功能丧失，进而造成对相关生命的伤害、冲击与灭亡等灾难。灾难幅度有大有小，大型生态灾难所涵盖的时空尺度大，伤害范围广，复原时间长。自然因素有水灾、旱灾、地震、台风、山崩、海啸等。由自然因素引起的生态平衡破坏称为第一环境问题。由人为因素引起的生态平衡破坏称为第二环境问题。

要面对这个厄运，其中一个主要原因是随着中国经济起飞及快速发展，越来越多的货船在长江上航行，也有很多渔民沿江撒网捕鱼，对长江的生态造成了严重破坏。生态学家形容的这场令人震惊的悲剧，并非意外和不小心造成的，而是人为因素带来的恶果。

在20世纪50年代，在长江流域和附近的水域出没的白鳍豚数以万计，一整个族类的哺乳类生物在这么短的时间内完全灭绝，实属罕见。科学家在

1999 年进行调查时，发现长江里只剩下 13 条白鳍豚，当时已把它列为濒危绝种的生物。

科学家指出，白鳍豚是过去 1500 年哺乳类生物进化过程中第四种人类知道的绝种的生物，前三种是在 17 世纪消失的马达加斯加狐猴、西印度鼩鼱和塔斯曼尼亚虎。

率领专家小组观察白鳍豚的英国生态学家杜维说："人类损失了一种独特和充满魅力的生物品种。白鳍豚在地球上消失，表示进化生命树上有一条旁枝完全消失，显示我们仍然未做好保护地球的工作。"

杜维与中国科学家合作，在三峡至上海全长 1669 千米的长江流域观察，但连以前经常发现白鳍豚的地方也发现不到白鳍豚的踪影。他们发现，渔民即使不捕捉白鳍豚，但他们使用的线和渔网，仍会对白鳍豚造成伤害。

白鳍豚（见图 2-1），早在秦汉时期已被人发现及有历史记载，有"长江女神""长江美人鱼"的美誉。估计白鳍豚是我国发行特种动物纪念币中第一个灭绝的动物，以后只能在纪念币上和在博物馆中看到了。

图 2-1　白鳍豚

当然，现在宣布白鳍豚灭绝可能还不是严谨的科学结论。根据国际组织，比如世界自然保护联盟给出的定义，所谓"物种灭绝"一般指的是，在 50 年的时间内，没有发现该物种的野外存活记录。白鳍豚现在还不是这种情况，白鳍豚现在的处境可以说是功能性灭绝，或者说白鳍豚物种确实已经进入被宣布灭绝的"50 年倒计时"。这给人类挽救这个物种还保留了一线希望，但愿人类的警醒能够使这一线希望变为现实。

二、人间地狱：飓风过后的新奥尔良市

2005 年 8 月 25 日，五级飓风"卡特里娜"来到美国，首先袭击了东南部的佛罗里达州，造成 11 人死亡，100 多万户家庭电力供应中断。尽管"卡特里娜"飓风中心没有经过新奥尔良市，但由于该市的地势低于海平面，城市周围的防洪堤在飓风中发生决口，导致大部分市区被洪水淹没。据报道，"卡特里娜"飓风在该市至少造成数百人遇难，当时临时避难所"超级穹顶"体育馆里有 2.5 万灾民拥挤在一起，空气中弥漫着令人窒息的臭气。灾民每天只能获得发放的两瓶瓶装水，食物严重缺乏。在容纳了 1.5 万到 2 万灾民的另一避难所新奥尔良会议中心，军方直升机几次想降落到空地上分发食品，但蜂拥而来的人群却让直升机不得不从高处扔下救援物资。这情形让人们想起非洲饥饿的难民。在有限的生存资源面前，在濒于死亡的特殊环境中，人性的恶似乎得到了显示。体育馆内随处可见斗殴，有人被强奸，有人被割喉，骚乱不时发生。从 8 月 30 日起，饥饿的灾民走上街头，抢夺商店里的水和食物。抢夺逐步蔓延，流氓团伙打劫并四处纵火。几乎每天都有人死去，幸存者木然地坐在死尸中间等待救援，惨状犹如"60 年前的日本广岛"。

飓风"卡特里娜"使得美国路易斯安那州新奥尔良市在这几天经历了重大变迁：曾经有着 48 万人口，活力四射；而遭到飓风袭击后，它被洪水淹没，几乎成了"一座地狱"。飓风过后的新奥尔良市如图 2-2 所示。

图 2-2 飓风过后的新奥尔良市

改变的不仅仅是新奥尔良市。美国的自我宣传和好莱坞大片给大多数人造成了一种印象，美国是一个最强大、最完善、最发达的国家，可从此次新闻画面上人们却能看到，除了在昔日繁华的都市中横流的洪水外，还有着灾民无助的眼神、哄抢救灾食品的人群、街头荷枪实弹如临大敌的军人、四处抢掠趁火打劫的匪徒，这些都让人们惊讶不已……

新奥尔良市是一座地势低于海平面、依靠复杂的大坝系统维系的城市，能帮它对付暴风雨的缓冲带——密西西比河三角洲湿地——被不计后果的"发展"破坏了。在世界上大多数人看来，新奥尔良市是那座绰号为"大快活"的城市，是蓝调音乐的摇篮，也是轻松悠闲生活方式的象征。但对环境专家来说，这座城市不过是一场蓄势待发的灾难的地方。专家认为，新奥尔良是不可持续发展的实例。自然再次给人类上了残酷的一课：不尊重自然将要付出代价。这次的灾难便是最好的印证。

三、梦乡人祸：印度博帕尔事件

1984 年 12 月 3 日，在印度博帕尔市发生了历史上最严重的工业化学意外。当日凌晨，位于印度博帕尔的美国联合碳化物公司属下的联合碳化物（印度）有限公司设于贫民区附近的一所农药厂发生氰化物泄漏，引发了严重后果。博帕尔事件 25 周年祭如图 2-3 所示。

当日凌晨，博帕尔的大地笼罩在一片黑暗之中，人们还沉浸在美好的梦乡里。没有任何警告，没有任何征兆，一片"雾气"在博帕尔上空蔓延，很快，方圆 40 平方千米以内的 50 万人的居住区

图 2-3　博帕尔事件 25 周年祭

已整个被"雾气"笼罩了。人们从睡梦中惊醒并开始咳嗽，呼吸困难，眼睛被灼伤。许多人在奔跑逃命时倒地身亡，还有一些人死在医院里，众多的受害者挤满了医院，医生却对有毒物质的性质一无所知。

多年后，有人这样写道："每当回想起博帕尔事件时，我就禁不住要记起这样的画面：每分钟都有中毒者死去，他们的尸体被一个压一个地堆砌在一起，然后放到卡车上，运往火葬场和墓地；他们的坟墓成排堆列；尸体在落日的余晖中被火化；鸡、犬、牛、羊也无一幸免，尸体横七竖八地倒在没有人烟的街道上；街上的房门都没上锁，不知主人何时才能回来；存活下的人已惊吓得目瞪口呆，甚至无法表达心中的苦痛；空气中弥漫着一种恐惧气氛和死尸恶臭。这是我对灾难头几天的印象，至今仍不能磨灭。"

混乱从最开始就是灾难的一部分。那时，普瑞任博帕尔警察局局长，他回忆说："1947年印度分治惨案发生的时候，我并不在场。但是，我听说了那个故事：人们只是惊惶地四处逃命。我在博帕尔看到的这一幕着实可以和那时候的那种惊慌混乱相比了。"

"空气中弥漫着剧毒气体。虽然实际上人们都是朝相反的方向跑的，但是我还是跑向杀虫剂厂。大概是晚上12点我到了工厂，我问那里的工作人员泄漏的是什么气体，用什么方法可以解毒。但是他们没有回答我的任何问题。直到凌晨三点的时候，才有人从工厂来到警察局告诉我那种泄漏的气体是异氰酸甲酯。我从日常记录簿上撕下来一张纸，把这几个字写在上面。我现在还保存着这张纸，留作纪念。"

人祸，人祸，还是人祸。到底是什么气体能够含有如此剧毒，导致如此惨重之后果？一连串的证据表明，在这个事件的发生、发展以及善后过程中，联合碳化物（印度）有限公司一再犯错，导致这起事故成为迄今为止世界上最严重的中毒事件。

大灾难造成2.5万人直接死亡，55万人间接死亡，另外有20多万人永久残废的人间惨剧。许多幸存者也都双目失明、器官衰竭或出现其他可怕的身体残疾。在这个地区出生的儿童出现各种各样缺陷的概率也非常大。1989

年，联合碳化物（印度）有限公司为此向受害者支付了约 5 亿美元，但该金额对于以后数十年造成的恶果来说真是杯水车薪。博帕尔事件仍然是有史以来最严重的工业灾难。

四、爱河遗恨：危害久远的爱河事件

爱河事件是发生在美国纽约尼亚加拉瀑布城的一起化学污染泄漏事件。此事件造成的直接经济损失达到 2.5 亿美元，给美国国内和国际社会造成了重大的影响。

早在 1836 年，纽约政府就计划在伊利湖及安大略湖之间建造一条运河以沟通两大水系。工程师的调查报告表明，刘易斯顿是最合适的候选地区，此地不仅有利于船舶航行，而且其 100 多米的落差还可制造人工瀑布，提供水力资源。然而，这一想法不过是纸上谈兵而已，直到 1892 年威廉·乐福先生带着一个远大的梦想来到了尼亚加拉瀑布城。在他的蓝图里，这条运河可以为一座 60 万人口的现代化城镇提供动力，来往的船只还可使此地成为交通要道。之后乐福先生招兵买马，同政府沟通获取相应的许可。1894 年 5 月，这条运河开始正式动工，并且被冠以乐福先生的姓氏（love，意为爱），在修筑运河的同时也有许多工厂开设在了运河两岸。然而，不久之后美国进入了一场经济危机，投资了的人们撤回了他们的资金，这条尚在挖掘之中的运河也随之不了了之。

不过这条废弃的运河也并非毫无用处，虎克电化学公司看中了这个地方。运河的底部是防水的衬底，因而可以用来堆放化工生产的废弃物。根据后来的估计，在 1943 年至 1953 年间，虎克电化学公司大约将 2 万吨的化学物质废料封存入铁桶中，放入运河，之后又用泥土封住了运河。1954 年，美国相关部门开始在此地建造第 99 街小学，然而建筑人员在施工过程发现了此地所埋藏的化学药罐，于是学校改建在北面不远的地方，1955 年竣工。后来当地市政府又决定将此地改造为低收入家庭和单亲家庭的住宅区，这样一来就要大举铺设地下管道，从而破坏了表面土壤。1968 年时又建设了一条穿越爱河地区的高速公路，阻断了地下水以及雨水流向尼亚加拉河的通路，于是污染物就在遭地下水及雨水破坏的表土上聚集并四处"流窜"。

20 世纪 50 年代就有居民发现该地区时常有奇怪的气味，但没有过多地考虑运河底下所埋藏的废料。1976 年，两名来自当地报社的记者开始调查爱河地区，他们从附近居民那里找来了几个抽水泵进行分析，发现了其中的化学物质。之后纽约州环保部门开始介入调查，结果显示，爱河地区确实存在危害人类健康和生活质量的化学物质。他们在报告中指出，爱河地区大约存在着 82 种化学复合物，其中多种可能会导致人类或动物发生癌症。

爱河事件在美国国内造成了重大影响，纽约时报等知名媒体均对其做了报道。虎克电化学公司为清除污染物、撤离居民等事项支付了 1.8 亿多美元。1980 年，在爱河事件的促进作用下，美国政府通过了超级基金法案，该法案强迫污染者付费清除被抛弃废弃物的垃圾场和他们制造的新废弃物。2004 年 3 月 18 日，在总计投入了 4 亿多美元和 24 年的时间之后，爱河地区的污染物清除工作总算宣告完成，如今又有 260 户家庭和一些轻工业工厂迁入了这一地区。

五、夺命洪魔：1998 年长江特大洪水

1998 年，中国大地气候异常。6 月 12 日到 8 月 27 日，整整 77 天里，汛期主雨带一直在我国长江流域。长江流域在经历了冬春多雨和 6 月梅雨季节之后，7 月下旬迎来了历史上少见的高强度"二度梅"，水位长期居高不下，8 月份，长江上游的强降雨进一步加剧了长江中下游地区的洪涝灾害，如图 2-4 所示。

长江水位迅速上涨，出现全流域洪水，沿江大地经历了一场不寻常的洪水考验。1998 年 8 月 1 日，高水位浸泡近两个多月的簰洲湾长江大堤突然塌陷溃口，洪水汹涌咆哮着直扑堤内，一时汪洋一片，顿成泽国，25 名簰

图 2-4　一片汪洋

洲湾人遇难，19 名解放军官兵在抢险中牺牲。当晚溃口足有 900 米宽，溃口处的中堡村首当其冲。决口后，村民们只能迎着洪峰跑向地势最高的大堤，然后再从大堤跑到更高一点的干堤，才有一线逃生的机会。其他靠后一点的村子尚有一点缓冲的时间，军队和当地政府调集了大量的船只，将除防汛力量之外的人口转移到嘉鱼县其他乡镇。至次日下午，80 多平方千米的簰洲湾成为泽国，5 万簰洲湾人两个多月无家可归。他们直到两个月水退之后，才再度回到簰洲湾。

1998 年 8 月，在九江市下属的永修县内，洪水已将县城围困，县城附近的小村已失去本来的模样。原来村落的位置，只余几根树枝，孤零零地伸出水面。在与永修县相邻的湖口县，县医院已被洪水包围。8 月 7 日，江西省九江市，雨水暂歇的南方夏日，日头毒辣，街头行人稀少。而此时，一个坏消息已经在市民中蔓延开来：江堤决口了。24000 多名官兵用了 3 个昼夜，共填筑土石方 12 万立方米，筑坝用钢材 80 吨，堵口沉船 10 艘，才将长江之水堵在了九江城外。

这次历史上罕见的特大洪涝灾害，波及 29 个省市，特别是长江发生了自 1954 年以来又一次全流域性大洪水，松花江、嫩江出现超历史纪录的特大洪水。洪水造成受灾人口 2.23 亿人，死亡 3004 人，农作物受灾面积 0.21 亿公顷，成灾 0.13 亿公顷，倒塌房屋 497 万间，直接经济损失达 1666 亿元。

1998特大洪灾的发生与诸多因素有关，其中异常多的降水是最直接的因子。另外，还有其他方面的原因：一是洪水调蓄能力降低，由于淤积、围垦等原因，长江中下游的湖泊面积减少了 45.5%，大大降低了长江中下游湖泊的调洪能力；二是河道淤积、滩地围垦、设障严重等原因，致使河道过水断面缩窄，洪水出路变小，宣泄不畅，洪水行进缓慢，加剧了上下游洪水的顶托作用，使水位不断抬高。这些都是人类"与天斗，与地斗"的"丰硕成果"。

六、如影随形：林林总总的生态问题

生态灾难的例子不胜枚举。它们发生的区域不同，时间不一，损失不等，但有一点是共同的：生态灾难都源之于林林总总的生态问题。各类生态问题已经走进了人类的生产生活，所产生的严重影响让人们无法回避，必须正视。

1. 土地荒漠化

全球荒漠化土地已达 3600 万平方千米，占陆地总面积的 1/4，而且还在以每年 5 万～7 万平方千米的速度扩展，导致人类生存空间逐渐缩小。我国是世界上荒漠化危害严重的国家之一，现有荒漠化土地 262.37 万平方千米，占国土总面积的 27.33%。土地荒漠化还造成沙尘暴频发。中国北方地区沙漠、戈壁、沙漠化土地已超过 149 万平方千米，约占国土面积的 15.5%。20 世纪 80 年代，沙漠化土地以年均增长 2100 平方千米的速度扩展。近 25 年共丧失土地 3.9 万平方千米。目前约有 5900 万亩（1 亩 =666.7 平方米）农田、7400 万亩草场、2000 多千米铁路，以及许多城镇、工矿、乡村受到沙漠化威胁。严重荒漠化的土地如图 2-5 所示。

图 2-5　严重荒漠化的土地

2. 物种灭绝

近代物种的灭绝速度比自然灭绝的速度要快 1000 倍，比物种的形成速度快 100 万倍，物种的丧失速度大致由每天 1 个种加快到每小时 1 个种。中国的植物物种中 15%～20% 处于濒危状态，仅高等植物中濒危植物就高达 4000～5000 种。近 30 多年来的资料表明，高鼻羚羊、白鳍豚、野象、熊猫、东北虎等珍贵野生动物的分布区显著缩小，种群数量锐减。属于中国特有的物种和国家规定重点保护的珍贵、濒危野生动物有 312 种，正式列入国家濒危植物名录的第一批植物有 354 种。

在长江里生活了 2500 万年的白鳍豚，是中国一级重点保护动物，也是世界 12 种最濒危动物之一。30 年前，长江约有 1000 多头白鳍豚，1986 年仅剩 300 头，2000 年仅有 20 头。2007 年 8 月 8 日，正式宣告白鳍豚绝种。

3. 气候变暖

据联合国政府间气候变化专门委员会第四次评估报告显示，全球平均表面温度在 1906—2005 年的 100 年间升高了 0.74℃，最近 30 年的增温趋势尤其明显。

气候变暖将导致冰川消融，海平面上

> **知识点：物种的灭绝**
>
> 在恐龙时代，平均每 1000 年才有一种动物绝种；20 世纪以前，地球上大约每 4 年有一种动物绝种；现在每年约有 4 万种生物绝迹。近 150 年来，鸟类灭绝了约 80 种；近 50 年来，兽类灭绝了近 40 种。近 100 年来，物种灭绝的速度超出其自然灭绝率的 1000 倍，而且这种速度仍有增无减。

升，生态系统破坏。一些太平洋上的小岛国，如汤加、马绍尔群岛、密克罗尼西和图瓦卢等，都有可能在今后几十年被淹没。

马尔代夫（见图2-6）是一个群岛国家，80%是珊瑚礁岛，全国最高的两座岛屿距离海平面只有2.4米，它是受到全球变暖影响最严重的国家。在过去的一个世纪里，该国海平面上升了约20厘米。根据联合国政府间气候变化专门委员会的报告，2100年全球海平面有可能升高0.18米至0.59米，届时，马尔代夫将面临灭顶之灾。

图瓦卢是由9座环形珊瑚岛群组成、平均海拔1.5米的小国家，每逢二、三月大潮期间，就会有30%的国土被海水淹没。近20年来，这些由珊瑚礁形成的海岛已被海水侵蚀得千疮百孔，土壤加速盐碱化，粮食和蔬菜已很难正常生长。事实上，图瓦卢人从2001年就已开始陆陆续续地告别自己的国家，迁往美国、新西兰等国。

全球变暖还带来其他一系列负面问题：一是过敏加重，研究显示，随着

图2-6　马尔代夫

二氧化碳水平和温度的逐渐升高，花期提前来临，花粉生成量增加，使春季过敏加重；二是物种正在变得越来越"袖珍"，从苏格兰羊身上已现端倪；三是肾结石增加，由于气温升高、脱水现象增多，研究人员预测，到2050年，将新增泌尿系统结石患者220万人；四是外来传染病暴发，水温升高会使蚊子和浮游生物大量繁殖，使登革热、疟疾和脑炎等时有爆发；五是夏季肺部感染加重，温度升高，凉风减少会加剧臭氧污染，极易引发肺部感染；六是藻类泛滥引发疾病，水温升高导致蓝藻迅猛繁衍，从市政供水系统到天然湖泊都会受到污染，从而引发消化系统、神经系统、肝脏和皮肤等发生病变。

4. 环境污染

环境污染主要表现在以下三个方面。

一是大气污染。大气污染物目前已知的有100多种。有自然因素（如森林火灾、火山爆发等）和人为因素（如工业废气、生活燃煤、汽车尾气等）两种，并且以后者为主要因素，尤其是工业生产和交通运输所造成的。大气污染物主要分为有害气体（二氧化碳、氮氧化物、碳氢化物、光化学烟雾和卤族元素等）及颗粒物（粉尘和酸雾、气溶胶等）。它们的主要来源是工厂排放、汽车尾气、农垦烧荒、森林失火、炊烟（包括路边烧烤）、尘土（包括建筑工地）等。大气污染严重影响了人类的生活，特别是从以下几个方面有害于人类的健康。其一为急性中毒。在某些特殊条件下，如工厂在生产过程中出现特殊事故，大量有害气体泄漏外排，外界气象条件突变等，便会引起人群的急性中毒。如印度博帕尔农药厂甲基异氰酸酯泄漏，直接危害人体。其二为慢性中毒。污染物质在低浓度、长时间连续作用于人体后，有患病率升高等现象。近年来中国城市居民肺癌发病率很高，其中最高的是上海市，城市居民呼吸系统疾病明显高于郊区。其三为致癌作用。污染物长时间作用于肌体，损害体内遗传物质，引起突变，如果生殖细胞发生突变，后代机体就会出现各种异常，称为致畸作用。污染物诱发肿瘤的作用称为致癌作用。大气污染会导致人的寿命缩短。大气污染还是形成酸雨的主要原因。形成硫酸型酸雨的罪魁祸首肯定是 SO_2。酸雨危害是多方面的，包括对人体健康、生态系统和建筑设施都有直接或潜在的危害。酸雨还可使农作物大幅度减产，特别是小麦，在酸雨的影响下，可减产 13%～34%。大豆、蔬菜也容易受酸雨危害，导致蛋白质含量和产量下降。酸雨对森林和其他植物危害也较大，常使森林和其他植物叶子枯黄、病虫害加重，造成大面积死亡。

二是水体污染。我国废水排放总量超过环境容量的 82%，七大水系污染严重，2800 千米河段鱼类灭绝。水污染降低了水体的使用功能，加剧了水资源短缺，对人们的生产、生活和社会可持续发展都带来了极为严重的负面影响。滇池蓝藻如图 2-7 所示。

图 2-7　滇池蓝藻

三是垃圾围城。全国城市生活垃圾达到无害化处理要求的不到 10%。白色污染已蔓延全国各地。统计显示，目前全国城市垃圾历年堆放总量高达 70 亿吨，全国 600 多座城市，有 2/3 以上被垃圾包围。有 1/4 的城市已没有合适场所堆放垃圾。全国城市垃圾堆存累计侵占土地 5 亿平方米，相当于 75 万亩。

5. 水源枯竭

全国 669 座城市中有 60% 的城市供水不足，110 座城市严重缺水。约 60

座城市形成了大小不等的地下漏斗，其中，华北平原地下漏斗面积为 3 万～5 万平方千米，成为世界上最大的漏斗分布区。地下水超采不仅发生在干旱缺水的北方地区，而且出现在水资源丰富的南方地区。目前，全国共有上海、天津、江苏、浙江、陕西等 16 省（区、市）的 46 座城市出现了地面沉降问题，总面积达 4.87 万平方千米。

再以水资源相对丰富的三江平原为例，对地下水的大肆攫取加上土地退化，湿地损失严重。在过去的 20 年里，三江平原北部地区湿地面积减少了10.5 万公顷，松嫩平原减少 18.2 万公顷，辽河三角洲减少 2.3 万公顷。

中国水危机不仅表现在地下，而且表现在高原的"固体水库"——雪线以上雪域，这里是干旱区重要的水源。西藏林芝地区川藏公路以北的冰川，由于受全球气候变化的影响，大面积后退萎缩。雪线萎缩直接影响了中国政府正在组织施工的"南水北调"西线工程的质量。

6. 灾害频发

地震、海啸、台风、泥石流、森林火灾等自然灾害在世界各地频发。

以 2010 年为例，上半年我国自然灾害发生的主要特点：重大灾害频繁发生，灾害损失巨大。年初新疆连续遭受 9 次大范围寒潮冰雪天气过程；西南五省区遭受秋冬春连旱；4 月 14 日青海玉树发生 7.1 级强烈地震；6 月中下旬南方 11 个省份遭受洪涝灾害。

气候异常，极端天气事件频繁出现。全国多个地方出现干旱、低温、暴雨、高温等极端性天气事件。水旱灾害严重，滑坡泥石流等次生地质灾害造成重大人员伤亡。全国 18 个省份遭受旱灾，26 个省份遭受洪涝灾害，农作物损失严重；滑坡泥石流等地质灾害发生数量、造成的死亡失踪人数和直接经济损失较常年同期大幅增加。印度尼西亚海啸如图 2-8 所示。

交通、通信等基础设施受损严重。受自然灾害影响，部分省份铁路、公路、通信、供水、供电等基础设施遭到破坏，多个县城停水、停电，多趟列车停开。

受灾范围广，群众生活受到较大影响。各省份均不同程度地受灾，受灾

图 2-8　印度尼西亚海啸

人口数量大，农作物受灾面积广，倒损房屋多，直接经济损失严重，给灾区群众生活带来较大影响。

7．森林减少，植被破坏

一位哲人曾说："人类文明从砍倒第一棵树开始，到砍倒最后一棵树结束。"

在我们国家的今天，百年以上的老林已凤毛麟角，原始森林则荡然无存。许多主要林区，森林面积大幅度减少，昔日郁郁葱葱的林海已一去不复返。全国森林采伐量和消耗量远远超过林木生长量。若按目前的消耗水平，绝大多数国营森工企业将面临无成熟林可采的局面。"森林赤字"是最典型的"生态赤字"，当代人已经过早过多地消耗了后代人应享用的森林资源。尽管政府对林业的投入逐年增大，但在营林策略上，因过分强调人力而忽视了自然力，人工纯林的不可更新和脆弱性使中国森林面临潜在危机。如西部地区从 20 世纪 50 年代到 90 年代，发生森林病虫害的面积增长了 6 倍多，其中以 20 世纪 90 年代增长最快，比 80 年代增长了 196%。中国广阔的亚热带山地，只要合理封育，减少人为干扰，就能够恢复成常绿阔叶林；然而遗憾的是，一些造纸企业砍伐天然林或其幼苗，种植入侵性很强的桉树。针对这种严重破坏，主管部门的干预措

图 2-9　长江上游的森林被砍伐

施不得力，甚至有些地方的林业部门与利益集团勾结，破坏森林资源，谋取非法利益。长江上游的森林被砍伐如图 2-9 所示。

七、石破天惊：13 亿除法的结果

从小我们都知道并引以为豪的是：我们国家地大物博。从总量上来看，我国是一个资源大国，一些重要资源拥有量位居世界前列；但除以 13 亿的结果，则像在一个平静的水面投入一块巨石，顷刻之间让沉浸在自我陶醉中的国人如梦初醒，取代自豪感的忧患意识油然而生。

1. 土地资源

我国国土地面积 144 亿亩，其中，耕地约 20 亿亩，约占全国总面积的 13.9%；内陆水域 4.3 亿亩，占 2.9%；宜农宜林荒地约 19.3 亿亩，占 13.4%。我国耕地面积居世界第 4 位，但人均占有量很低。世界人均耕地 0.37 公顷，我国人均仅 0.1 公顷。发达国家 1 公顷耕地负担 1.8 人，其他发展中国家负担 4 人，我国则需负担 8 人，其压力之大可见一斑。尽管我国已解决了世界 1/5 人口的温饱问题，但也应注意，随着我国城市化进程的推进，非农业用地逐年增加，人均耕地将进一步减少，土地的人口压力越来越大。

2. 森林资源

我国现有森林面积 1.34 亿公顷，总蓄积量 101 亿立方米，居世界第五位。但森林覆盖率仅为 13.92%，远低于世界平均水平 27%，居世界第 104 位；人均森林面积 0.11 公顷，人均森林蓄积量 8.6 立方米，分别为世界平均水平 11.7% 和 12.6%，属于世界上森林资源贫乏的国家之一。同时，森林资源还存在这样几个问题。一是森林资源质量不高，中幼龄林比重大，其面积占全国森林面积的 71%，而人工林中的中幼龄林比重高达 87%。二是森林资源分布不均，主要分布于东北、西南、东南地区，而西北、华北地区森林资源稀少，风沙危害严重。三是森林资源破坏严重，乱砍滥伐现象比较普遍，近年来全国每年超限额采伐 3400 多万立方米，天然森林资源面临严重威胁。四是森林灾害较为频繁，1996 年全国发生森林火灾 5000 多次，受害面积 18.67 万公顷，火灾受害率为 0.75%，森林病虫害发生面积 662 万公顷。

3. 淡水资源

中国是一个严重干旱缺水的国家。淡水资源总量为 28000 亿立方米，占全球水资源的 6%，仅次于巴西、俄罗斯和加拿大，居世界第四位，但人均只有 2200 立方米，仅为世界平均水平的 1/4、美国的 1/5，是全球 13 个人均水资源最贫乏的国家之一。扣除难以利用的洪水径流和散布在偏远地区的地下水资源后，我国现实可利用的淡水资源量则更少，仅为 11000 亿立方米左右，人均可利用水资源量约为 900 立方米，并且其分布极不均衡。到 20 世纪末，全国 600 多座城市中，已有 400 多座城市存在供水不足问题，其中比较严重的缺水城市达 110 座，全国城市缺水总量为 60 亿立方米。我国水资源短缺，水污染严重，水土流失严重，水价严重偏低，水资源浪费严重。而且南方水多，北方水少；西部水少，沿海水多。

4. 能源资源

中国远景一次能源资源总储量估计为 4 万亿吨标准煤。但是，人均能源资源占有量和消费量远低于世界平均水平。1990 年，中国人均探明煤炭储量 147 吨，为世界平均数的 41.4%；人均探明石油储量 2.9 吨，为世界平均数的 11%；人均探明天然气为世界平均数的 4%；探明可开发水能资源按人口平均也低于世界人均数。并且，能源资源以煤炭为主，探明的煤炭资源占煤炭、石油、天然气、水能和核能等一次能源总量的 90% 以上，煤炭在中国能源生产与消费中占支配地位。20 世纪 60 年代以前中国煤炭的生产与消费占能源总量的 90%以上，70 年代占 80%以上，80 年代以来煤炭在能源生产与消费中的比例占 75%左右，其他种类的能源增长速度较快，但仍处于附属地位。1995 年，世界能源生产总量达到 123 万亿吨标准煤，固体、液体、气体、水电和核电的比重分别为 28.3%、38.4%、23.5%和 9.8%。在世界能源由以煤炭为主向以油气为主的结构转变过程中，中国仍是世界上极少数几个能源以煤为主的国家之一。

5. 矿产资源

我国矿产资源品种多，总量大，已发现 171 种矿产资源，查明资源储量的有 158 种；已查明的矿产资源总量约占世界的 12%，仅次于美国和俄罗斯，居世界第三位。在 45 种主要矿产中，有 24 种矿产名列世界前三位，其中钨、锡、稀土等 12 种矿产居世界第一位；钒、钼、锂等 7 种矿产居第二位；汞、硫、磷等 5 种矿产居第三位。但人均占有量仅为世界平均水平的 58%，居世界第 53 位。贫矿多、富矿少，大宗、战略性矿产严重不足。铁矿平均品位为 33%，富铁矿石储量仅占全国铁矿石储量的 2%左右。铜矿平均品位为 0.87%，不及世界主要生产国矿石品位的 1/3，大型铜矿床仅占 2.7%；铝土矿储量中，98.4%为难选冶的一水型铝土矿。

八、触目惊心：高速发展的生态代价

从改革开放 30 多年的发展历史来看，中国经济创造了高速增长的奇迹，1978—2011 年中国 GDP 年均增速达到 9.9%。依靠这样的速度，世界对中国刮目相看："中国制造"遍布全球，"世界工厂"的称号实至名归；经济总量跻身世界第二，2010 年接近 40 万亿元；2009 年超越德国，成为全球出口冠军；政府成为全球第二富政府，2011 年中国财政收入超过 10 万亿元；是世界上最大的外汇储备国，外汇储备余额超过 3 万亿美元；城市化率从改革之初的 17.9%跃升至 2011 年的 51.3%；跻身中等收入经济体行列，2011 年人均 GDP 已达 5415 美元。但在追求经济高速增长的同时，我们赖以生存的生态环境也遭到了严重破坏，为经济高速发展付出了惨痛的生态代价。

1. 环境污染严重

一些地区空气质量明显下降，雾霾天气和 PM2.5 经常严重"爆表"，民众恐慌到"无法呼吸"的地步；一些城市水资源加速恶化，不仅难见河湖水生动物，而且饮用水源都频繁遭受污染，严重影响了人民群众的生命健康。过去 30 多年来，中国经济发展模式是"高污染、高排放、高能耗、低效率"的"黑色经济"模式，是当年西方国家资本原始积累的"先污染、后治理"模式的重演。

唐朝人杜甫欣慰"国破山河在"，而今我们感叹"国在山河破"。环境恶化危害公众健康，影响社会稳定，并制约中国经济的可持续发展，成为威胁中华民族生存和发展的重大问题。

2. 耕地被无情吞噬

遥感调查表明，1988—2000 年，中国耕地呈现严重的减少趋势，由 1991 年的 13074.12 万公顷，减少到 2000 年的 12824.31 万公顷；人均耕地由 1.8 亩减少到 1.5 亩，减少的耕地中有 56.6%转化为建设用地。

20 世纪 90 年代以来，中国东部地区城市数量由 315 座迅速增加至 521 座；每年平均有 767.42 平方千米土地变成建城区，年平均增长率为 5.76%。在占有耕地方面，北京较为严重，其城市中心区以每年 20 平方千米左右的速度扩张。除了城市建设用地外，工矿占地也很突出。据吉、苏、闽、豫、鄂、湘六省统计，2000 年因矿产开发占用土地比 1986 年增加了 1.96 倍，破坏土地面积增加了 4.71 倍。

3. 生态系统全面退化

除了众所周知的森林锐减、荒漠化扩大外，那些过去较少受到破坏或轻度破坏的高寒草甸、温带草原和红树林也出现了严重退化。如青藏高原是世界上海拔最高、面积最大而独特的生态系统类型。由于长期对草地的超载过牧和不合理利用，高寒草甸退化非常严重，总体生产力极度下降，突出表现在：草地生产力大幅下降，平均每亩干草产量由 20 世纪 60 年代的 300 千克下降到 100 千克以下；鼠害严重，每公顷地下鼠量由过去的 8 至 10 只增加至 30 只以上。

全国 90%的可利用天然草原有不同程度的退化，并以每年 200 万公顷的速度递增。在减少或丧失的草地面积中，有 55%的草地被开垦为耕地，30%沦为不可利用土地。目前，西部大部分地区草场超载，其中新疆、宁夏、内蒙古超载率分别达 121%、72%及 66%。

我国的红树林主要分布在福建沿岸以南，历史上最大面积曾达 25 万公顷，20 世纪 50 年代约剩 5 万公顷，而现在仅剩 1.5 万公顷。中华人民共和国成立以来，特别是近 20 年来，由于受到掠夺性采掘、砍伐和违背科学的低效能利用，目前沿海红树林资源受到空前的破坏。相关数据显示，80%的中国江河湖泊断流或枯竭，2/3 的草原沙化，沙漠化土地每年递增 3400 平方千米，大部分森林消失，近乎百分之百的土壤板结，主要水系的 2/5 已成为劣等五类水。

4. 资源短缺进一步加剧

我国本来就是一个人均资源极度短缺的国家。30 多年经济的高速发展，不仅正常消耗了大量有限的资源，而且"高投入、高消耗、高排放、低效率"的粗放型经济增长方式，造成了大量资源的浪费。过去 20 多年，我国经济成长的 GDP 中，至少有 18%是依靠资源和生态环境的透支获得的。《中国绿色国民经济核算研究报告 2004》指出，2004 年全国因环境污染造成的经济损失为 118 亿元，占当年 GDP 的 3.05%。另据中科院测算，2003 年我国消耗了全球 31%、30%、27%和 40%的原煤、铁矿石、钢材、水泥，创造出的 GDP 却不足全球的 4%。国家环境保护部透露，每生产价值为 1 万美元的商品，中国所消耗的原材料是日本的 7 倍、美国的 6 倍，甚至比印度还要高 2 倍。资源的过度开发和环境的破坏，使得我国的资源环境问题进一步凸显出来，资源存量的减少与需求量增加的矛盾进一步激化。如果这个问题得不到较好解决，中国的经济奇迹很快就要成为过去。

生态文明简明教程

媒体聚焦：经济高速发展背后 乐清生态环境"污"云笼罩

浙江乐清是全国著名的低压电器生产基地，拥有电器企业近 2000 家。2005 年，低压电器总产值达 400 多亿元，占全国市场份额的六成以上。作为温州模式的发祥地，乐清经济近年来的发展速度令人惊叹。但不可忽视的是，"电器基地"在创造大量财富的同时，也对生态环境造成了极大的负面影响。

在经济高速发展的背后，乐清的环境却付出了高昂的代价。1.4 万亩的淡水养殖场被严重污染，年产量从 10 年前的 500 吨下降到 20 吨；2004 年 12 月 6 日至 2005 年 6 月，乐清 6 个乡镇 69 个村发生大面积贝类死亡事件；2005 年春节以后，乐清方江屿小芙港 60 万只珍珠蚌陆续死亡；更令人揪心的是，在一个紧邻电镀厂的村庄，自电镀厂建成以来，有 19 人患同一种病症，已有 15 人病故。

森林公园

　　森林公园是以大面积人工林或天然林为主体而建设的公园，具有建筑、疗养、林木经营等多种功能。森林公园除保护森林景色自然特征外，并根据造园要求适当加以整顿布置。公园内的森林，只采用抚育采伐和林分改造等措施，不进行主伐。

　　五脑山国家森林公园是国家 4A 级旅游景区，位于麻城市城区西北部。该公园总面积 24 平方公里，森林覆盖率达 95%，园内山峰连绵起伏，气候宜人，名胜古迹众多，是道教和佛教的圣地，是百鸟家园和天然氧吧，并且有美丽动人的神话传说以及迷人的乡土风情，风光无限。

　　麻城龟峰山森林公园位于大别山中段南麓，是国家 4A 级风景区，最高海拔 1320 米，规划总面积 73 平方公里。景区山势险峻奇特，神似龟首的龟峰在连绵起伏的群山中拔地而起，垂直高度达 300 余米。景区内野生动、植物资源丰富，尤其是每年春天龟背岭上十万亩连片古杜鹃集中开放时，红花似海，蔚为壮观。

　　安陆古银杏国家森林公园，由钱冲景区和白兆山景区共同组成，规划总面积 2413 公顷，其中钱冲景区 1800 公顷，白兆山景区 613 公顷。园内自然景色优美，古银杏参天连片，是目前中国现有两大自然状态古银杏群落之一，是中原地区罕见天然古银杏群落。

一、从"被主宰"到"征服者"

人类并不总是自然界中的强者，人类与自然的关系总是随着人类改造自然能力的增强而不断变化。根据现代人类学研究，距今 400 多万年前，人类作为迄今所知自然界自组织程度最高的物质、能量、信息系统，诞生在地球上。当人类出现以后，自然界中就分化出具有自觉能动性的主体。正是这种不同于生物本能行为的、通过改变自然来达到自己目的的实践活动，使人类脱离了动物界，实现了由自然史到人类社会史的转变，在地球上建立了不同于一般生物的人与自然的关系。在人类进化和自然界人化所构成的统一过程的不同阶段，产生了不同的人类文明，即原始文明、农业文明、工业文明。与此相应，人和自然的关系也经历了不同的历史阶段，每一阶段都有其特殊的地方。

1. 原始文明——人类匍匐在自然脚下

在原始社会中，主要的物质生产活动是采集和渔猎（见图 3-1），这两种活动都是直接利用自然物作为人的生活资料。原始人的精神生产能力与其物质生产能力同样低下，在原始人看来，自然力是神秘的、超越一切的东西。由于缺乏强大的物质和精神手段，原始人对自然的开发和支配能力极其有限。他们不得不依赖自然界直接提供的食物和其他简单的生活资料，同时也无法抵御各种盲目自然力的肆虐。他们经常忍受饥饿、疾病、寒冷和酷热的折磨，受到野兽的侵扰和危害。因此，人类把自然视为

图 3-1 采集和渔猎

威力无穷的主宰，视为某种神秘的超自然力的化身。他们匍匐在自然之神的脚下，通过原始宗教仪式对其表示顺从、敬畏，祈求他们的恩赐和庇佑。

2. 农业文明——人对自然的初步开发

大约距今一万年前出现了人类文明的第一个重大转折，由原始文明进入到农业文明。农业文明主要的物质生产活动是农耕和畜牧，人类不再依赖自然界提供的现成食物，而是通过创造适当的条件，使自己所需要的植物和动物得到生长和繁衍，并且改变其某些属性和习性。利用畜力农耕如图 3-2 所示。对自然力的利用已经扩大到若干可再生能源，如畜力、风力、水力等，加上各种金属工具的使用，大大增强了人们改造自然的能力。水车用于灌溉如图 3-3 所示。但一方面，人们改造自然的能力仍然有限，所以仍然肯定自然对人的主宰作用，主张尊天敬神；另一方面，随着主体的能动性和自信心的增强，人们已经把自己提升到高于其他万物的地位。在农业生产中，农民同土地、同自然保持着直接的接触，容易形成尊重自然规律、人和自然和谐共处的思想。

在农业文明时代，人类和自然处于初级平衡状

图 3-2 利用畜力农耕

图 3-3 水车用于灌溉

态，物质生产活动基本上是利用和强化自然过程，缺乏对自然实行根本性的变革和改造，对自然的轻度开发没有像后来的工业社会那样造成巨大的生态破坏。从总体上看，农业文明尚属于人类对自然认识和变革的幼稚阶段，所以，尽管农业文明在相当大的程度上保持了自然界的生态平衡，但这只是一种在落后的经济水平上的生态平衡，是和人类能动性发挥不足与对自然开发能力薄弱相联系的生态平衡，因而不是人们应当赞美和追求的理想境界。

3. 工业文明——人类以自然的"征服者"自居

工业文明是人类运用科学技术的武器以控制和改造自然取得空前胜利的时代。从蒸汽机到化工产品，从电动机到原子核反应堆，每一次科学技术革命都建立了人化自然的新丰碑。蒸汽机标志工业文明如图 3-4 所示。人们大规模地开采各种矿产资源，广泛利用高效化石能，进行机械化大生产，并以工业武装农业。从近代科学诞生到 20 世纪的新技术革命，在只有三四百年的工业文明时代里，社会生产部门不断更新，社会生产力飞速发展，人类在开发、改造自然方面获取的成就，远远超过了过去一切时代的总和。

图 3-4　蒸汽机标志工业文明

工业文明的出现使人类和自然的关系发生了根本的改变。自然界不再具有以往的神秘和威力，人类只需凭借知识和理性就足以征服自然，成为自然的主人。如果说在原始文明时代人是自然神的奴隶，在农业文明时代人是在神支配下的、自然的主人，那么在工业文明时代，人类仿佛觉得自己已经成为征服和驾驭自然的"神"。

历史进入 20 世纪，曾经陶醉于征服自然辉煌胜利之中的人们，从一次次惨痛的教训中开始认识到，工业文明在给人类带来优越物质条件的同时，也给生态系统造成了空前严重的伤害，人类自身也因此面临深刻危机。只有调整人与自然的关系，使人类在实践中学会控制自己活动对自然造成的正负面影响，人类才有可能走出目前的困境。

二、人与自然关系已严重失衡

如前所述，从 20 世纪 60 年代起，资源枯竭、环境污染、生物种类锐减、臭氧层破坏等问题在全球范围内日益凸显；江、河、湖、海在污染中哭泣；森林、草地、耕地在沙漠化中呼号；生物资源在浩劫中走向灭绝，矿物、能源在滥采中走向枯竭。自 20 世纪末以来，洪涝、干旱、沙尘、酷热、奇寒、地震、蝗虫、赤潮、泥石流、非典、疯牛病、禽流感等灾害在地球上蜂拥出现。被人类伤害的"地球之肺"如图 3-5 所示。所有这些无不表明：日益严重的生态危机越来越危及人们的身心健康，危及经济社会的可持续发展与和谐稳定，危及子孙后代的繁衍生息，进而直接威胁着整个人类的生存和发展！人类只有一个地球，如果全球性的生态危机得不到有效的遏制，高悬在人类头上的"达摩克利斯剑"——生态安全——随时都有坠落的危险，其结果必然是使人类失去赖以立足的地方，导致全球性的毁灭。

人类赖以生存的、曾经生机盎然的生态系统之所以变得如此脆弱，如此危机四伏，恩格斯给了我们满意的答案。他告诉人们："我们不要过分陶醉于对自然界的胜利，对于每一次胜利，自然界都报复了我们。"

图3-5 被人类伤害的"地球之肺"

在机器大工业时代短短的300多年间，随着科学技术的迅速发展，人类认识自然、改造自然的能力大大增强，取得了征服自然的一个又一个的胜利。大自然的财富随着机器的轰鸣声不断地向人类滚滚而来。凭借着所生产的足以维持并满足几十亿人口生存欲望的巨量物质财富，工业文明极大地稳固了人类社会进步的物质基础。

但在人类创造辉煌经济文化奇迹的同时对自然界资源进行了近乎是"竭泽而渔"的掠夺性、粗放性的开发和超负荷的索取，由此造成了人类从自然界索取资源的能力，大大超过了自然界的再生增殖能力以及人们补偿自然资源消耗的能力；人类排入环境的废物大大超过了环境的承受能力，以致自然生态系统"透支"过多，"亏空"过大，产生了巨额生态赤字、环境欠债。由此可见，生态危机并非自然本身的危机，而是人的危机，是人类生产生活方式和经济社会组织形式的危机，危机的产生是因为人与自然的关系失衡。人们沉浸于主宰自然、征服自然的良好感觉之中，过分强调了人对自然的主观能动性，忽视了自然对人类的制约作用，造成了人与自然的关系日趋恶化，生态危机因此而生。很多曾经鸟语花香的地方成了垃圾场，如图3-6所示。很多曾经郁郁苍苍的地方少了植被，如图3-7所示。

图3-6 这里曾经鸟语花香

人类与自然的关系之所以产生严重失衡，主要有以下三个方面的原因。首先是经济原因，人们在经济发展过程中把经济利益放在了首位，采取"先发展后治理"的杀鸡取卵、竭泽而渔的掠夺式发展方式，在经济发展和社会进步的同时没有充分考

图 3-7　这里曾经郁郁苍苍

虑自然环境的可能条件，做到短期目标和长期目标、眼前利益与长远利益、经济效益与社会效益的统一。其次是认识根源。由于认识上的局限，往往对一些可能造成全球性不良后果的行为，缺乏科学的预见，或忽视了对自然界可能产生的潜在的、长期的消极影响。所以大量出现所谓出乎意料、难以预料的事。最后是科技的根源，有些问题尽管已经有所认识，但一时找不到科学的、统筹兼顾的解决办法。例如世界各地有上亿辆大小汽车每天在不停地排放热量和废气，大量有害农药仍然喷洒在广大田野上，虽然人们不断地对这些事情提出责难，但一时还找不到替代物和解决措施，污染仍在进行。

三、世外桃源没有想象中美丽

人类对生态危机的深刻反思，达成了广泛共识，这就是必须调整人类与自然的关系。但向哪个方向调整，怎样调整，却有不同的探索。在这些探索中有一种观点是对农业文明的美化，对世外桃源般农耕生活的向往。诚然，以渔樵耕读、聚族而居、精耕细作为代表的中国农耕文明，孕育了内敛式自给自足的生活方式、文化传统，与今天提倡的和谐、环保、低碳的理念不谋

而合。"耕读传家"的家庭模式，既要有"耕"来维持家庭生活，又要有"读"来提高文化水平。这种培养式的农耕文明推崇自然和谐，契合中华文化对于人生最高修养的乐天知命原则。崇尚耕读生涯，提倡合作包容，而不是掠夺式地利用自然资源，这符合今天和谐发展的理念。这些对于面临生态危机的现代人类，确有许多值得学习和借鉴的地方。

但是，农耕文明所具有的极强传承性和对土地的极强依赖性等特点，使其具有因循守旧、盲目自大、抱残守缺、自以为是、轻视科学等先天不足。即使撇开这些，仅就人与自然的关系而言，也不是我们想象中的那样和谐。农业文明发展不当会带来生态与环境的恶化，致使文明衰落的变故也屡见不鲜。古埃及、古巴比伦、中美洲玛雅文明等古文明之所以失去昔日的光辉或者消失在历史的遗迹中，其根本原因是破坏了人类赖以生存的基础——生态系统。

1. 古埃及文明的兴衰

古埃及文明可以说是"尼罗河的赐予"。在历史上，每到夏季，来自尼罗河上游地区富含无机物矿物质和有机质的淤泥随着河水的漫溢，总要给下游留下一层肥沃的有机沉积物，其数量既不堵塞河流与灌渠、影响灌溉和泄洪，又可补充从田地中收获的作物所吸收的矿物质养分，近乎完美地满足了农作物的需要，从而使这片土地能够生产大量的粮食来养育众多的人口。正是这无比优越的自然条件造就了埃及漫长而富于生命力的文明，并由此兴盛了将近 100 代人。古埃及文明的再现如图 3-8 所示。

图 3-8　古埃及文明的再现

然而，长期以来由于尼罗河上游地区的森林不断遭到砍伐，以及过度垦荒、放牧等，导致水土流失日益加剧，尼罗河中的泥沙急剧增加，大片的土地荒漠化、沙漠化，昔日的"地中海粮仓"从此失去了辉煌的光芒，最终成为地球上生态与环境严重恶化、经济极度贫困的地区之一。

2. 古巴比伦文明的兴衰

在美索不达米亚平原上，曾经诞生过灿烂的古巴比伦文明。这块广袤肥美的平原，由发源于小亚细亚山地的两大河流——幼发拉底河和底格里斯河冲积而成。前 4000 年，苏美尔人和阿卡德人在肥沃的美索不达米亚两河流域发展灌溉农业。良好的生态系统带来了发达的农业，农业的发展又带来了繁荣昌盛，在两河流域建立了宏伟的城邦。从前 500 多年开始，古巴比伦文明逐渐走向毁灭并被埋藏在沙漠下将近 2000 年，变成了历史遗迹。古巴比伦文明衰落的根本原因是不合理的灌溉。古巴比伦人对森林的破坏，加之地中海的气候因素，致使河道和灌溉沟渠严重淤塞。为此，人们不得不重新开挖新的灌溉渠道，而这些灌溉渠道又重新淤积。如此恶性循环，使得水越来越难以流入农田。一方面，森林和水系的破坏，导致土地荒漠化、沙化；另一方面，古巴比伦人只知道引水灌溉，不懂得如何排水洗田。生态的恶化，终于使古巴比伦葱绿的原野渐渐褪色，高大的神庙和美丽的花园也随着马其顿征服者的重新建都和人们被迫离开家园而坍塌。如今在伊拉克境内的古巴比伦遗址已是满目荒凉。古巴比伦的废墟如图3-9 所示。

图 3-9　古巴比伦的废墟

3. 地中海文明的演变

地中海地区是西方文明的发源地。历史上的一段时期，沿地中海的一些国家曾呈现出一种进步而又生气勃勃的文明。如今，除了很少几个国家还比较发达外，其他都沦为 20 世纪世界上相对贫困落后的地区。地中海地区多数国家的文明兴衰过程非常相似：起初，文明在大自然的漫长年代造就的肥沃土地上兴起，持续进步达几个世纪；随着开垦规模的扩大，越来越多的森林和草原植被遭到毁坏，富有生产能力的表土也随之遭到侵蚀、剥离和流失，损耗了作物生长所需的大量有机质营养，于是农业生产日趋下降。随着土地生产力的衰竭，它所支持的古文明也逐渐衰落。波斯波利斯宫城遗址如图 3-10 所示。

图 3-10　波斯波利斯宫城遗址

4. 玛雅文明的灭亡

在中美洲热带低地森林中发展起来的玛雅文明，也同样是由于生态恶化导致地力衰竭而走向衰亡的。19 世纪中叶，探险家在中美洲热带森林里，发现了用巨大石块建造的雄伟壮观的神殿庙宇，至此才知道这里曾经诞生过一种伟大的文明。那么，玛雅文明为什么在不到 1000 年的时间里就由兴盛走向衰落呢?最新的科学研究显示：在公元 750—950 年，玛雅文明经历了一次漫长的旱季，中间发生过三次持续时间 3～9 年的大旱灾，这些灾害使那里的生态遭到严重破坏，玛雅人的主食玉米的产量大幅度下降，饮用淡水枯竭，食物、水资源的持续短缺使得辉煌一时的玛雅文明走向了毁灭。从林中的玛雅文明如图 3-11 所示。

5. 古印度文明的演变

古印度文明被称为世界四大古文明之一，其文明的发端与所依赖的自然环境有密切的关系。印度半岛大部分地区是一个坡度徐缓的高原，境内江河纵横，土地肥沃，农业发达。在北面，喜马拉雅山脉如屏障耸立，南面则以低矮的温德亚山与德干高原相隔。印

图 3-11　丛林中的玛雅文明

度平原的面积远远超过了法国、德国和意大利国土面积的总和。在这广阔的平畴沃野上，流淌着印度河和恒河。印度史上已知的最古老的文明发源地之一——哈拉巴文化，就是在北印度平原的印度河－恒河平原上产生的。印度河－恒河流域丰饶的生态与环境，是大自然的慷慨赐予，它哺育滋养了悠远的印度文明。可是，近代以来，森林的急剧破坏导致这个处于热带地区文明古国的生态系统变得极其脆弱。不仅许多昔日的沃野良田变成了沙漠，而且水旱灾害连年不断，水土流失十分严重。不合理的灌溉又加剧了土地的盐碱化。直到 20 世纪 60 年代，在联合国专家的指导下，采取一系列的现代科技措施，才遏制住土地荒漠化的势头，保障了农业发展。纯手工雕刻的凯拉萨神庙如图 3-12 所示。

　　上述古文明国家和民族的兴衰变幻说明，在漫长的农业社会，生态破坏同样达到了令人惊讶的程度，并产生了极其严重的社会后果。问题的关键并不在于农业的发展，而在于农业发展必须按照自然生态规律进行。如果违背了自然生态规律，即使是没有现代工业的影响，超

图 3-12　纯手工雕刻的凯拉萨神庙

越生态承受能力的农业，同样会对生态与环境造成巨大的破坏，最终导致整个经济社会发展难以为继，以至衰败消亡。所以，成为农业文明代名词的"世外桃源"并没有那么完美，不应成为人们羡慕的对象和追求的目标。人类文明的发展不可能也不应该倒退到农耕时代。

四、西方进行过值得借鉴的探索

西方社会进入工业文明社会比我们早，关注生态问题同样比我们早。欧洲工业革命带来了物质财富的迅速增长，也带来了废气、污水和大量的工业垃圾，生态问题随之进入了人们的视线，成为众多学科研究的对象。

1. 浪漫主义生态思想与《瓦尔登湖》

在18—19世纪的欧洲和美国，浪漫主义成为一种潮流，出现了一大批浪漫主义诗人、作家、艺术家，写下了大批反映和描写"自然"的诗歌和其他文艺作品。浪漫主义对自然的认识，虽然缺乏严密的科学论证，但基本上符合生态学原理，对环境哲学、环境伦理学的诞生起到了一定的推动作用。

生活于19世纪中叶的美国伟大浪漫主义生态思想家梭罗，坚持人类必须学会使自己去适应自然的秩序，而不是寻求推翻自然或者改变自然的观点。这位备受今人景仰的思想家提出了值得每一个后来人深思的问题："是地球要由人的手来改善，还是人打算生活得自然一些，从而也安全一些?"在其代表作《瓦尔登湖》中，梭罗留下大量赞颂自然和谐美妙、鞭笞人类虚妄无知的激情文字，提出了崇敬生命、保护荒野，强调自然的整体性和相互联系等主张，为生态中心主义的环境伦理学奠定了基础，这些文字成为现代生态思想家以及绿色和平组织汲取思想养料的宝库之一。

2. 罗马俱乐部与《增长的极限》

20世纪中叶以来，资源、环境、人口等社会、经济和政治问题日益尖锐和全球化，所谓"人类困境"问题吸引了越来越多的研究者。其中，罗马俱乐部的研究成果最引人注目。罗马俱乐部成立于1968年4月，作为全球最权威的智囊团，以灵活的结构来囊括世界最优秀的精英人才，超脱于任何国家、政党、团体之外的组织形式，使罗马俱乐部的决策分析拥有真正的公正与权威。

美国麻省理工学院丹尼斯·米都斯教授领导的一个 17 人小组向罗马俱乐部提交了一篇题为《增长的极限》的研究报告。这项耗资 25 万美元的研究最后得出地球是有限的，人类必须自觉地抑制增长，否则随之而来的将是人类社会的崩溃这一结论。该报告向当时对财富增长抱着无限憧憬的人们敲响了一个从未有过的警钟。这篇报告发表后，立刻引起了爆炸性的反响。被翻译成近 30 种语言，达到了超过四百万本的销量。尽管理论界对此仍有争议，但这篇报告仍可以说是人类对今天的高生产、高消耗、高消费、高排放的经济发展模式的首次认真反思，和罗马俱乐部一起成为环境保护史上的一座里程碑。

3. 绿色政治运动与《寂静的春天》

20 世纪 60 年代初，美国著名学者蕾切尔·卡森的《寂静的春天》的出版，向人类敲响了生态危机的警钟。蕾切尔·卡森历数滥用杀虫剂对环境造成的灾难性后果：它不仅污染了人类赖以生存的空气、水和土地，而且通过食物链，有毒物质被从低等生物向高等生物不断传递和富集，使虫、鱼、鸟、兽因中毒而大量死亡，另外它还破坏人的免疫系统，改变人类的遗传物质。它那惊世骇俗的关于农药危害人类环境的预言，不仅受到与之利害攸关的生产与经济部门的猛烈抨击，而且也强烈震撼了社会广大民众。它像一颗原子弹爆炸，震惊了发达资本主义世界。

1960 年，欧洲从狂热的共产主义、极端的民主意识、性解放等的自由理念中，逐渐形成一支绿色政治运动队伍，以环境保护、反核、可持续能源等作为其政治诉求，同时在体制内与体制外进行抗争与改革的活动。1977年 4 月 22 日，美国 2000 万各阶层人士参加了盛大环保游行，在全国各地，人们高呼着保护环境的口号，在街头和校园游行、集会、演讲和宣传。随后影响日渐扩大并超出美国国界，得到了世界许多国家的积极响应，最终形成世界性的环境保护运动。这一天被称为"地球日"而得到永久性纪念。1970年的地球日，被公认是在1962年卡森的《寂静的春天》拉开序幕之后，美国环境保护运动走向高潮的一个标志。

4.《我们共同的未来》与可持续发展

1987年2月，在日本东京召开的第八次世界环境与发展委员会上通过，后又经第42届联大辩论通过，于1987年4月正式出版关于人类未来的报告就是《我们共同的未来》。该报告以"持续发展"为基本纲领，以丰富的资料论述了当今世界环境与发展方面存在的问题，提出了处理这些问题的具体的和现实的行动建议。该报告的指导思想是积极的，对各国政府和人民的政策选择具有重要的参考价值。该报告将注意力集中于人口、粮食、物种和遗传、资源、能源、工业和人类居住等方面，首次提出了"可持续发展"的概念。

五、中华文明有"天人合一"的传统

中华文明虽然是工业文明的迟到者，但从政治社会制度到文化哲学艺术，无不闪烁着生态智慧的光芒。生态伦理思想本来就是中国传统文化的主要内涵之一，这使我们有可能率先反思并超越自文艺复兴以来就主导人类的"物化文明"。

中国历朝历代都有生态保护的相关律令，如《逸周书》上说："禹之禁，春三月，山林不登斧斤。"因为春天树木刚刚复苏。什么时候砍伐呢？《周礼》上说："草木零落，然后入山林。"除保护生态外，还要避免污染。比如"殷之法，弃灰于公道者，断其手。"把灰尘废物抛弃在街上就要斩手，虽然残酷，但重视环境决不含糊。这种制度并非统治者的个人自觉，而是由中华文明本身的内涵所决定的。以儒释道为中心的中华文明，在几千年的发展过程中，形成了系统的生态伦理思想。

1. 儒家观点

中国儒家生态智慧的核心是德性，尽心知性而知天，主张"天人合一"，其本质是"主客合一"，肯定人与自然界的统一。儒家通过肯定天地万物的内在价值，主张以仁爱之心对待自然，讲究天道人伦化和人伦天道化，通过家庭、社会进一步将伦理原则扩展到自然，体现了以人为本的价值取向和人文精神。儒家的生态伦理，反映了它一种对宽容和谐的理想社会的追求。

2. 道家观点

中国道家的生态智慧是一种自然主义的空灵智慧，通过敬畏万物来完善自我生命。道家强调人要以尊重自然规律为最高准则，以崇尚自然效法天地作为人生行为的基本皈依。强调人必须顺应自然，达到"天地与我并生，而万物与我为一"的境界。庄子把一种物中有我，我中有物，物我合一的境界称为"物化"，也是主客体的相融。这种追求超越物欲，肯定物我之间同体相合的生态哲学，在中国传统文化中具有不可替代的作用，也与现代环境友好意识相通，与现代生态伦理学相合。

3. 佛教观点

中国佛教的生态智慧的核心是在爱护万物中追求解脱，它启发人们通过参悟万物的本真来完成认知，提升生命。佛家认为万物是佛性的统一，众生平等，万物皆有生存的权利；认为一切生命既是其自身，又包含他物，善待他物即善待自身。佛教正是从善待万物的立场出发，把"勿杀生"奉为"五戒"之首，生态伦理成为佛家慈悲向善的修炼内容，生态实践成为觉悟成佛的具体手段，这种在人与自然的关系上表现出的慈悲为怀的生态伦理精神，客观上为人们提供了通过利他主义来实现自身价值的通道。

一些西方生态学家提出生态伦理应该进行"东方转向"。1988 年，75 位诺贝尔奖得主集会巴黎，会后得出的结论是："如果人类要在 21 世纪生存下去，必须回到 2500 年前去吸取孔子的智慧。"

六、生态文明是必由之路

中国如何解决生态问题，实现可持续发展，并为全球生态系统的根本好转做出贡献？2012年11月，中国共产党的十八大从新的历史起点对这个困扰全人类的问题给出了一个令人满意的答案——大力推进生态文明建设。

300年的工业文明以人类征服自然为主要特征。世界工业化的发展使征服自然的文化达到极致；一系列全球性生态危机说明地球再没能力支持工业文明的继续发展。需要开创一个新的文明形态来延续人类的生存，这就是生态文明。如果说农业文明是"黄色文明"，工业文明是"黑色文明"，那么生态文明就是"绿色文明"。

中国共产党的十八大报告将生态文明建设，与经济建设、政治建设、文化建设、社会建设一起，列入"五位一体"总体布局，并用专章论述。生态文明地位的"升格"，体现了中国共产党对生态文明建设更加重视，对生态发展规律的认识更加深刻，也顺应了时代的要求、民意的呼唤。

从"尊重自然、顺应自然、保护自然"的理念，到"融入经济建设、政治建设、文化建设、社会建设各方面和全过程"的指引，再到"绿色发展、低碳发展、循环发展"的路径，十八大所理解和规划的生态文明，早已超越了单纯的节能减排、节约资源、保护环境等问题，而是上升到实现人与自然和谐共生、提升社会文明水平的现代化发展高度，并且体现为工作部署、发展目标、制度设计，涌动着与时俱进、改革创新的生态文明浪潮。

生态文明是中国转型发展的大势所趋，也是人民过上更美好生活的民心所向，因此，十八大报告中提出"从源头上扭转生态环境恶化趋势"的目标，提出

> **知识点：生态文明**
>
> 生态文明，是指人类遵循人、自然、社会和谐发展这一客观规律而取得的物质与精神成果的总和；是指人与自然、人与人、人与社会和谐共生、良性循环、全面发展、持续繁荣为基本宗旨的文化伦理形态。

"给自然留下更多修复空间，给农业留下更多良田，给子孙后代留下天蓝、地绿、水净的美好家园"的愿景，才会引起如此强烈而广泛的共鸣，开启新一轮生态文明建设的热潮。

生态文明是汲取了原始文化亲自然的优点，又继承了现代工业文明民主、法制等一切积极成果，而又避免了现代工业文明的致命弊端的更高级、更复杂的文明。它是对人类长期以来主导人类社会的物质文明的反思，是对人与自然关系历史的总结和升华。生态文明的内涵包括三个方面。

一是人与自然和谐的文化价值观。树立符合自然生态法则的文化价值需求，体悟自然是人类生命的依托，自然的消亡必然导致人类生命系统的消亡，尊重生命、爱护生命并不是人类对其他生命存在物的施舍，而是人类自身进步的需要，把对自然的爱护提升为一种不同于人类中心主义的宇宙情怀和内在精神信念。

二是生态系统可持续前提下的生产观。遵循生态系统是有限的、有弹性的和不可完全预测的原则，人类的生产劳动要节约和综合利用自然资源，形成生态化的产业体系，使生态产业成为经济

专家观点：四种角度

1. 广义的角度

生态文明是人类的一个发展阶段。这种观点认为，人类至今已经历了原始文明、农业文明、工业文明三个阶段，在对自身发展与自然关系深刻反思的基础上，人类即将迈入生态文明阶段。

2. 狭义的角度

生态文明是社会文明的一个方面。这种观点认为，生态文明是继物质文明、精神文明、政治文明之后的第四种文明。物质文明为和谐社会奠定雄厚的物质基础，政治文明提供良好的社会环境，精神文明提供智力支持，生态文明是现代社会文明体系的基础。

3. 发展的角度

这种观点认为，生态文明与"野蛮"相对，指的是在工业文明已经取得成果的基础上，用更文明的态度对待自然，拒绝对大自然进行野蛮与粗暴的掠夺，积极建设和认真保护良好的生态环境，改善与优化人与自然的关系，从而实现经济社会可持续发展的长远目标。

4. 制度属性的角度

生态文明是社会主义的本质属性。生态问题实质是社会公平问题，资本主义的本质使它不可能停止剥削而实现公平，只有社会主义才能真正解决社会公平问题，从而在根本上解决环境公平问题。

增长的主要源泉。物质产品的生产，在原料开采、制造、使用至废弃的整个生命周期中，对资源和能源的消耗最少，对环境影响最小，再生循环利用率最高。

三是满足自身需要又不损害自然的消费观，提倡"有限福祉"的生活方式。人们的追求不再是对物质财富的过度享受，而是一种既满足自身需要又不损害自然，既满足当代人的需要又不损害后代人需要的生活。这种公平和共享的道德，成为人与自然、人与人之间和谐发展的规范。正是顺应时代潮流和人类文明发展规律，中国共产党把生态文明写在自己的旗帜上。

历史经验告诉我们：生态兴则文明兴，生态衰则文明衰。每一个社会成员必须改变"征服者"的角色，用更文明的态度对待自然，拒绝对大自然进行野蛮与粗暴的掠夺，改善与优化人与自然的关系，把尊重自然、善待自然、与自然和谐相处作为自觉行动时，我们才能超越传统工业文明的发展模式，走出一条生产发展、生活富裕、生态良好的文明发展道路，在经济社会高速发展的同时给老百姓一个美好的生活家园，让天更蓝，水更清，给子孙后代留下蓝天白云、绿水青山，实现经济社会永续发展。

村落田园

村落具有独特的民俗民风，虽经历久远年代，保留了较大的历史沿革，至今仍为人们服务。村落田园中蕴藏着丰富的历史信息和文化景观，是中国农耕文明留下的最大遗产。

江西婺源古村落，地处赣东北，与皖南、浙西毗邻，已被国内外誉为"中国最美丽的农村"。婺源古村落的建筑，是当今中国古建筑保存最多、最完好的地方之一，至今仍完好地保存着明清时代的古祠堂113座、古府第28座、古民宅36幢和古桥187座。村落一般都选择在前有流水、后靠青山的地方。

西江千户苗寨，位于贵州省黔东南苗族侗族自治州雷山县东北部的雷公山麓，由十余个依山而建的自然村寨相连成片，是目前中国乃至全世界最大的苗族聚居村寨，是一个保存苗族"原始生态"文化完整的地方，是领略和认识中国苗族漫长历史与发展的首选之地，也成为观赏和研究苗族传统文化的大看台。

新疆喀纳斯图瓦村落，与喀纳斯湖相互辉映，融为一体，构成喀纳斯旅游区独具魅力的人文景观和民族风情。图瓦人是我国一支古老的民族，以游牧、狩猎为生。近四百年来，村民定居喀纳斯湖畔，他们勇敢强悍，善骑术、善滑雪、能歌善舞，现基本保持着比较原始的生活方式。原木垒起的木屋、散布村中、小桥流水、炊烟袅袅、奶酒飘香。古朴的小村景致，像喀纳斯湖一样充满神秘色彩。

生态文明建设以人与自然、人与人、人与社会的和谐共生、良性循环、全面发展、持续繁荣为基本宗旨，以建立可持续的经济发展模式、健康合理的消费模式及和睦和谐的人际关系为主要内容，倡导人类在遵循人、自然、社会和谐发展这一客观规律的基础上追求物质财富与精神财富的创造和积累，注重人与自然协调发展和生态环境建设。

生态文明作为一种独立的文明形态，是在人类历史发展过程中形成人与自然、人与社会环境和谐统一、可持续发展的一切成果的总和，具有丰富内涵的理论体系。它不仅说明人类应该用更为文明而非野蛮的方式来对待大自然，而且在生产方式、生活方式、社会结构等各方面都体现出一种人与自然和谐关系的崭新视角。在生产方式上，它追求的不再是以传统 GDP 为核心的单纯的经济增长，而是经济社会与环境的协调发展；在生活方式上，反对过度消费，倡导人类通过建立合理的社会消费结构，克服异化消费，追求一种既满足自身需要又不损害自然生态的生活，而非以往对简单需求的满足和物质财富的过度享受。生态文明包含着极为丰富的内涵，概括来讲，它具有以下几个基本特征：和谐共生的绿色理念、节能减排的绿色生产、人与天调的绿色生活、生态宜居的绿色城市、合作治理的绿色行政、芳菲斗艳的生态文化、尊重环境权的生态法制。

一、和谐共生的绿色理念

生态文明建设的根本，是要树立以人为本，以生态为本，全面协调可持续发展的新型发展观，正确处理人与自然的关系，与自然融洽相处、共生共荣，和谐发展。党的十八大报告在对人与自然关系深刻反思时指出："面对资源约束趋紧、环境污染严重、生态系统退化的严峻形势，必须树立尊重自然、顺应自然、保护自然的生态文明理念。"

1. 尊重自然——在与自然相处时秉持的首要态度

人对自然要怀有敬畏之心，尊重自然界的一切创造、一切存在和一切生命。随着改造自然能力的大幅提高，人类对自然的敬畏之心逐渐淡薄，开始轻视自然、藐视自然，甚至以征服者、占有者的姿态面对自然，为满足自身需要向大自然不断索取，使人类赖以生存的自然环境遭受严重破坏。反思过去，正视现实，只有尊重自然才是人与自然相处的科学态度。尊重自然，就要深刻认识到人只是自然界的一分子，就要深刻认识到自然界是人类赖以生存和发展的基本条件，就要深刻认识到一切物种均有生命和其独特价值，均是自然大家族中不可缺少的部分，人类应该尊重一切生命。

2. 顺应自然——与自然相处时遵循的基本原则

人类必须顺应自然的规律，按客观规律办事。不以伟大的自然规律为依据的人类计划，只会带来灾难。包括人类在内的自然界是一个完整有机的生态系统，具有自身运动、变化和发展的内在规律，不以人的意志为转移。人利用和改造自然的实践活动只有适应自然规律，才能做到人与自然和谐相处。顺应自然，一方面要科学认识大自然中的各种规律，减少因为无知而违背自然规律的行为；另一方面要以制度约束人的行为，防止因为明知故犯而违背自然规律。像涸泽而渔、焚林而猎、杀鸡取卵之类的做法，大都是因为急功近利和个人贪欲而违背自然规律，这种明知故犯的行为必须通过制度加以约束。

3. 保护自然——与自然相处时承担的重要责任

人在发挥主观能动性，向自然界索取生存发展之需的同时，要保护自然界的生态系统。给生态一个平衡点如图 4-1 所示。自然供给人类生存发展所需，人类也理应对自然担负责任，这个责任就是保护自然。保护自然也是确保人类社会永续发展的迫切要求。保护自然，首先要改变

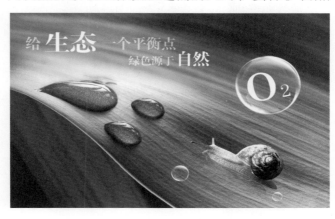

图 4-1 给生态一个平衡点

人类的发展方式，着力推进绿色发展、循环发展、低碳发展，形成节约资源和保护环境的空间格局、产业结构、生产方式和生活方式。其次要实施重大生态修复工程，增强生态产品生产能力，推进荒漠化、石漠化、水土流失综合治理，扩大森林、湖泊、湿地面积，保护生物多样性。最后要加强环境保护制度建设，把资源消耗、环境损害、生态效益纳入经济社会发展评价体系，建立体现生态文明要求的目标体系、考核办法、奖惩机制。

二、节能减排的绿色生产

作为现代环境问题之主要内容的环境污染几乎就是工业化的直接产物。中国改革开放以来工业化的具体特点使得其对于环境的破坏更为剧烈，所以解决环境问题、建设生态文明首先必须从调整生产方式着手，提倡绿色节能减排、绿色生产方式。实现经济增长模式的转变，是中国实现工业化、现代化的必经之路，是生态物质文明的关键。要将经济增长与生态环境保护结合起来，在生态环境可承载范围之内发展。要在科学发展观指导下，全力推动经济转型和产业革命。以最小的资源消耗及环境代价获得最大的经济效益和生态效益。节能减排的绿色生产方式具有以下几个特点。

> **知识点：节能减排**
>
> 节能减排是指加强用能管理，采取技术上可行、经济上合理以及环境和社会可以承受的措施，从能源生产到消费的各个环节，降低消耗，减少损失和污染物排放，制止浪费，有效、合理地利用能源。
>
> 从具体意义上说，节能，就是降低各种类型的能源品消耗；减排，就是减少各种污染物和温室气体的排放，以最大限度地避免污染我们赖以生存的环境。

1. 发展循环经济

与传统经济通过大量消耗资源来实现增长、导致资源枯竭和环境破坏不同，循环经济则是通过"资源—产品—消费—再生资源"的物质反复循环流动和资源的不断循环使用，来带动经济的效益型增长的，以消除对自然资源过度开发的危害，力求达到污染物的低排放甚至"零排放"，最终使经济社会实现可持续发展。循环经济是一种能够实现可持续发展的经济，它对资源的利用表现为"低开采、高利用、低排放"，其经济特征是遵循"3R"原则，即"减量化、再利用、资源化"。

2. 走低碳经济之路

以低能耗、低污染、低排放为基础的低碳经济，虽然与循环经济的侧重点和衡量指标有所不同，但是两者具有相同的理念和价值观。低碳经济涉及经济发展方式、能源消费方式、人类生活方式等多方面因素，它将引领我们超越建立在传统化石能源基础之上的工业文明转向生态文明。低碳经济已逐步成为全球共识。低碳经济的实质是能源高利用、高效率和能源结构洁净化、合理化，因而是我们解决资源与环境问题的一剂"良药"。低碳经济是一个"技术—制度"综合体，为加快推行，需要在工艺技术改革创新和经济社会制度改革创新两个方面同时并进。

3. 倡导清洁生产

清洁生产是循环经济社会理念的实践基础，在一个企业或一个小范围内推行清洁生产，从原料到最终产品产出的全过程中，最大限度地利用资源能源，这与循环经济遵循的"3R"原则完全一致。与传统的生产方式相比，清洁生产注重经济效益、环境效益和社会效益的协调。不仅在生产过程中要节约原材料、能源并减少排放物，而且要最大限度地减少整个生产周期对人的健康和自然生态的损害。新能源给力未来发展如图4-2所示。

4. 开发新兴能源

我国政府制定了支持新能源开发利用的十大财政措施：大力支持风电规模化发展，建立比较完善的风电产业体系；实施"金太阳"工

图4-2　新能源给力未来发展

程，加快启动国内光伏发电市场；开展节能与新能源汽车示范推广试点，鼓励北京、上海等 13 座城市在公交、出租车等领域推广使用；加快实施十大重点节能工程，鼓励合同能源管理发展；加快淘汰落后产能，对经济欠发达地区淘汰电力、钢铁等 13 个行业落后产能给予奖励；支持城镇污水管网建设，推进污水处理产业化发展；支持生态环境保护和污染治理，加大重点流域水污染治理，促进企业加强污染治理，加强农村环境保护，探索跨流域生态环境补偿机制；实施"节能产品惠民工程"，扩大节能环保产品的使用和消费；支持发展循环经济，全面推行清洁生产；支持节能减排能力建设，建立完善能效标志制度，节能统计、报告和审计制度，加强环境监管能力建设。

近年来，我国在节能减排方面保持着领先优势，并有继续保持和扩大领先优势的趋势。尽管中国的国民收入水平仍然较低，但中国的环境质量恶化的趋势却明显低于 GDP 的增长速度。以 1980—1995 年期间为例，我国 GDP 年平均增长率为 7.7%，污染物排放总量年平均增长率却未超过 4%，污染物人均排放量年均增长速度未超过 3%，而平均每一元 GDP 所伴随的污染物排放量年平均值实现了负增长。

三、人与天调的绿色生活

经过 30 多年的改革开放，我国已经走出了"匮乏经济"时代，人们的消费能力与历史上任何一个时期相比都有了很大的提高，"消费社会"模式理所当然受到了很多人的青睐。但只有人口增长能与高消费相匹敌成为生态恶化的原因，消费主义的盛行势必产生以下几个方面的问题：一是增加对资源的压力；二是产生过多的废弃物，特别是生活垃圾；三是通过带动工业发展而加剧环境污染；四是破坏生物多样性；五是破坏自然景观。这是与生态文明的消费理念水火不相容的。

绿色生活观念强调人与自然的和谐相处，要求公民养成绿色的生活方式，成为"绿色公民"。从物质层面来说，绿色生活的核心是适度消费，尽量缩小自己生态脚印的活动，减少环境代价。体现绿色生活的关键词有节约、环保、生态。节约——节水、节电、节气等。垃圾分类投放，以提高它的回收率；尽量利用可以复用的资源，比如一水多用，双面打印；尽量少用一次性制品，节约地球资源。环保——把手中的钞票变成绿色的选票，选购环保产品，支持环保产业的发展。如多用手帕少用纸巾，使用电子贺卡而不用纸质贺卡，使用无磷洗衣粉等。生态——不吃野生动物，不用野生动物制品。植绿护绿，保护原生生态，低能耗、低排放、低污染。

　　从精神层面来说，绿色生活就是道法自然，天人合一，追寻生命的本真，顺应心灵的需求，简单消费，简约生活。弱水三千，只取一瓢饮；红尘纷嚣，自淡泊宁静；最终回归一种至纯至简、至明至静的澄澈生命状态。下面是值得大家仿效的绿色生活示例。

1. 随时关紧水龙头，别让水空流

　　是否知道资源的严重短缺正威胁着我们和后代的生存，不良的用水习惯是造成水危机的祸根之一。别小看那瞬间的流水，当你在洗漱、洗菜或清洗汽车的时候，请不要开着水龙头任清水长流，因为一分钟就会浪费 10～18 升水。家庭浴室中，淋浴比盆浴用水要少，不在喷头下长时间冲洗，不仅可以节水、节电、节气，而且有利于洗浴卫生。每次冲厕所大约需要 10 升水，但如果你在厕所的水箱内放置一个装满水的大可乐瓶，每次就可节约 1 升左右的水。不要开着水龙头用长流水刷碗、洗衣，长流水并不比用盆接水洗得干净，但是其流失的水，却比用盆洗多 10 倍。洗菜、洗米的水可用来浇花，洗手和洗过衣服的水则可接在容器里留着擦地、冲厕所，这样就可以做到一

生态文明简明教程

我国是世界上 12 个贫水国家之一，淡水资源还不到世界人均水量的 1/4，全国 600 多个城市半数以上缺水，其中 108 个城市严重缺水。地表水资源的稀缺造成对地下水的过量开采。北京的人均拥有水资源量仅是全国人均水资源量的 1/8、世界人均水资源量的 1/30，其缺水程度与地处沙漠的著名缺水国家以色列相似。

水多用了。如果水龙头的滴漏不能及时维修，可在水龙头下放一个容器，把滴水接下来。千万别小看这滴漏现象，你知道吗，北京市一年滴漏的水比北海公园的水还要多几倍！

2. 慎用清洁剂，减少水污染

清洁剂等各种各样的化学洗涤用品已成为大多数家庭的生活必备之物，但你是否想到它正是水污染的元凶之一。请你在清洗餐具时尽量少用清洁剂，因为大部分清洁剂是化学产品，排入水中后会污染水体。

肥皂的原料来自于植物或动物脂肪，易于生物降解，对水的污染较小，比一般化学配方好得多。用肥皂洗衣服，不仅会减少水污染，而且会对健康有益。

洗餐具时如果油腻过多，可先将残余的油脂等作为垃圾处理掉后，再热面汤或热肥皂水等清洗。有重厚油污的厨房用具也可以用苏打粉加热水来清洗。少用含磷洗衣粉，大量的含磷污水排入江河会使水体富营养化。

3. 关心大气，别忘了你时刻都在呼吸

别忘了你有获得洁净空气的权利，也有监测和维护洁净空气的义务。如果发现工厂排放出污染严重的气体，汽车排出大量黑烟，或者其他严重污染空气的现象，如街头露天烧烤、焚烧庄稼秸秆等，可以向环境监测部

知识点：是清洁还是污染？

大多数清洁剂都是化学产品，清洁剂含量大的生活废水大量排放到江河里，会使水质恶化。长期不当地使用清洁剂，会损伤人的神经中枢系统，使人的智力发育受阻，思维能力、分析能力降低，严重的还会出现精神障碍。清洁剂残留在衣服上，会刺激皮肤，发生过敏性皮炎。长期使用较高浓度的清洁剂，清洁剂中的致癌物就会从皮肤、口腔处进入体内，损害健康。

门举报，或向新闻媒体投诉。

4. 随手关灯，省一度电，少一份污染

你是否注意到周围的大气质量正在恶化？每一个人的用电方式都与之息息相关。随手关灯虽然人尽皆知，但你可知道，节电既是节能又是减少空气污染。节约 1 千瓦时电少消耗 330～400 克煤当量的煤，少排放 1 千克左右的二氧化碳和 30 克左右的二氧化硫。注意随时关掉不用的

> **知识点：烧烤烟气含有致癌物**
>
> 烧烤烟气中含有一氧化碳、硫氧化物、氮氧化物和苯并(a)芘等有害物质。苯并(a)芘是国际上公认的强致癌物。据监测，烧烤肉串摊点集中的地方，烟气中苯并(a)芘的浓度较高，最高可比国际标准高出 60～110 倍。

> **知识点："电—煤"大气污染**
>
> 我国是以火力发电为主、以煤为主要能源的国家。煤在一次性能源结构中占 70% 以上。如按常规方式发展，要达到发达国家的水平，至少需要 100 亿吨煤当量的能源消耗，这将相当于全球能源消耗的总和。煤炭燃烧时会释放出大量的有害气体，严重污染大气，形成酸雨，造成温室效应。

灯和电器，不开长明灯，白天尽量利用自然光。也许你并不在意那点电费，然而你一定希望用自己的行动去减缓地球变暖，阻止酸雨危害，防止大气污染。

5. 多利用可再生能源

当你因偶尔的停电带来的不便而烦躁不安时，你是否想过人类将会面临能源耗竭的一天呢？据探测，地球上的石油、天然气和煤炭若按现在的消耗速度来计算，将分别在 45 年、60 年、250 年内消耗殆尽。珍惜各种不同再生能源，尽量利用太阳能、风能、潮汐能、地热能等可再生能源将成为 21 世纪的新潮流。请你关心和参与可再生能源的开发利用，试试太阳能等新能源产品。

6. 当"自行车英雄"，保护环境始于足下

自行车是多种代步工具中最省能源的一种，它不需要燃料，在使用过程中又不会排放废气。另外，它的体积小，较灵便，不像汽车那样需要大面积的停车场。你不用羡慕那些拥有私人轿车的人。你知道吗，骑自行车外出才环保时尚，国际上也流行"自行车英雄"的称号呢!在欧洲，很多人为了减

　　我国首都北京有近 120 万辆机动车，仅为东京和纽约等城市机动车拥有量的 1/6，但是每辆车排放的污染物浓度却比国外同类机动车高 3～10 倍。北京大气中有 73% 的碳氢化合物、63% 的一氧化碳、37% 的氮氢化物来自于机动车的排放。

图 4-3　绿色出行"骑"乐无穷

少因驾车带来的空气污染而愿意骑自行车上班，这样的人被视为环保卫士而受到尊敬。在德国，很多家庭喜欢和近邻同用一辆轿车外出，以减少汽车尾气的排放。绿色出行"骑"乐无穷如图 4-3 所示。

7. 珍惜纸张就是珍惜森林与河流

　　你可能并没有直接砍伐森林，但你是否想到，木材是造纸的主要原料，浪费纸张就等于加入了砍伐森林的行列。珍惜纸张就是在珍惜森林资源。请不要随便扔掉白纸，充分利用纸的空白地方。用过一面的纸可以翻过来做草稿纸、便条纸，或自制成笔记本使用；过期的挂历可以包书。拒绝接受那些随处散发的无用的宣传纸。制造这些宣传物既会大量浪费纸张，又会因为随处散发、张贴而破坏市容卫生。

　　纸浆需求量的猛增是木材消费增长的原因之一。全国年造纸消耗木材 1000 万立方米，进口木浆 130 多万吨，进口纸张 400 多万吨。纸张的大量消费不仅造成森林毁坏，而且使江河湖泊受到严重污染。

8. 爱护自己的生活环境

　　随地吐痰，乱扔废弃物，乱倒垃圾、污水、污物等既污染环境，传染疾病，又破坏环境整洁，有碍城市建设。当出门在外时，请随身带一个小塑料袋，暂存废弃物，遇到果皮箱时再扔掉。家里的生活垃圾要倒入垃圾容器内，按规定的时间，在指定的范围内倾倒。临街住户、集贸市场摊商、餐饮业主的生活或经营中的污水一定要倒入下水道，千万不要随地乱泼。

> **知识点：环境标志产品**
>
> 已被中国绿色标志认证委员会认证的环保产品有低氟家用制冷器具、无氟发用摩丝和定型发胶、无铅汽油、无镉汞铅充电电池、无磷织物洗涤剂、低噪声洗衣机、节能荧光灯等。这些环境标志产品上贴有"中国环境标志"的标记。该标志图形的中心结构是青山、绿水、太阳，表示人类赖以生存的环境。外围的 10 个环表示公众共同参与保护环境。

9. 绿色消费，环保选购

每一个消费行为都潜存着一个信息。手中的钞票就像是"绿色的选票"，哪种产品符合环保要求，我们选购哪种产品，这样它就会逐渐在市场上占有越来越多的份额；哪种产品不符合环保要求，我们就不买它，同时也动员别人不买它，这样它就会逐渐被淘汰，或被迫转产为符合环保要求的绿色产品。如果每个消费者都能有意识地选择有利于环境的消费品，那么这些信息就将汇集成一个信号，引导生产者和销售者正确地走向可持续发展之路。

10. 认准绿色食品标志，保障自身健康

"绿色食品"是我国经专门机构认定的无污染的安全、优质、营养类食品的统称。这类食品在国外被称为"自然食品""有机食品""生态食品"等。我国绿色食品的标志是由中国绿色食品发展中心在中华人民共和国国家工商行政管理总局商标局正式注册的质量证明商标。绿色食品标志由太阳、叶片和蓓蕾三部分构成，标志着绿色食品是出自纯净、良好生态环境的安全无污染食品。请你认准绿色食品标志，选购绿色食品。每个人的行为汇集起来就会促进"绿色食品"产业的发展。

目前，全国有绿色食品生产企业 300 多家，按照绿色食品标准开发生产的绿色食品达 700 多种，产品涉及饮料、酒类、果品、乳制品、谷类、养殖

食品类等各个门类。其他一些绿色食品，如全麦面包、新鲜的五谷杂粮、豆类、菇类等也是对人体健康很有益处的。

11. 买无公害食品，维护生态环境

请选择无农药污染的、有机肥料培育的新鲜果蔬，少选购含防腐剂的各种方便快餐食品、腌制加工的食品、各种含有色素和香料的饮料及各种含有味精和添加剂的香脆咸味零食。你的选择不仅会促进你的健康，而且会给绿色食品行业带来生机，使生态环境得以改善。

随着农业科技的进步，农药和化肥在农业生产中起到越来越重要的作用，但如果使用不当，也会带来环境的破坏。据统计，北京市化肥施用量大大高于国际平均水平和全国平均水平，农药施用量高于全国平均水平，由于过量使用农药和化肥，已经对农村地表水和浅层地下水产生了影响。因此，要提倡使用"农家肥"等有机肥料，推广生物防治措施，以利于生态保护。

> **知识点：我们扔掉了什么？**
>
> 那些"用了就扔"的塑料袋不仅造成了资源的巨大浪费，而且使垃圾量剧增。我国每年塑料废弃量为 100 多万吨，北京市如果按平均每人每天消费一个塑料袋计算，每个袋重 4 克，每天就要扔掉 44 吨聚乙烯膜，仅原料就扔掉了近 4 万元。如果把这些塑料袋铺开的话，每人每年弃置的塑料薄膜面积达 240 平方米，北京 1000 多万人每年弃置的塑料袋是市区建筑面积的 2 倍。

12. 少用一次性制品，节约地球资源

请多用可重复使用的耐用品。比如说，用可重复使用的容器装冰箱里的食物，尽量不用一次性的塑料保鲜膜；使用可换芯的圆珠笔，不用一次性的圆珠笔；出外游玩时自带水壶，减少塑料垃圾的产生；旅游或出差时，自带牙刷等卫生用具，不使用旅馆每日更换的牙具等。不用普通木杆铅笔，使用自动铅笔。你知道吗，全世界的铅笔年产量是 100 亿支，其中 75 亿支铅笔是中国制造的。制造这 75 亿支铅笔至少需要 10 万立方米的木材！

13. 回收废塑料，开发"第二油田"

塑料制品方便了我们的生活，却产生了令人头疼的后果。塑料制品重量

轻，体积大，若填埋无原则，则会占用大量的土地，并且难以降解，焚烧又会释放有害气体。合适的办法是送去回收再利用。不少废塑料可以还原为再生塑料，而所有的废塑料——废餐盒、食品袋、编织袋、软包装盒等都可以回炼为燃油。1吨废塑料至少能回炼600千克汽油和柴油，难怪有人称回收废旧塑料为开发"第二油田"。不要随便丢弃用过的塑料袋等塑料制品，可把它们集中起来，通过有关渠道送到塑料炼油厂等单位回收。这样既清除了"白色污染"，又再生了燃料资源，可谓"一石二鸟"！

14. 拒食野生动物，改变不良习惯

近些年来，一些有环保意识的人士拒绝参加以珍稀动物为菜肴的宴会，"罢席"之举时有发生。如果你被邀请参加有以珍稀野生动物为菜肴的宴席，可以事先声明并加以阻止；如果要请客，不妨亮出不吃野生动物的旗帜，以表明你的环保修养；如果你自己用餐，不去那些以野生鸟兽为"特色风味"的饭店。为了挽救野生动植物的命运，我们应不穿用珍稀动物皮毛做成的服装，不使用珍贵皮毛做的服饰，不享用野生动植物制品。

15. 不买珍稀木材用具，别摧毁热带雨林

红木是热带雨林中的珍稀木材，也许正因如此，红木的价格特别高。据调查，过去一两元一双的红木筷子现在卖到上百元；10年前几百元就可买到红木家具，现在几万元也难觅；上百万元的红木家具照样有人购买。在我国，红木是严禁砍伐的，现在的红木家具大都是进口的。然而任何地域的热带硬木的砍伐都会破坏热带雨林，会使整个地球的生态系统失去平衡，会破坏野生动物的家园，使珍稀物种濒临灭绝的威胁。不要购买用柚木、红木等热带硬木制作的家具。

四、生态宜居的绿色城市

城市是人类文明的标志，是人们经济、政治和社会生活的中心。城市化的程度是衡量一个国家和地区经济、社会、文化、科技水平的重要标志。只

图 4-4 绿色草地上的城市

有经过城市化的洗礼，人类才能迈向更为辉煌的时代。绿色草地上的城市如图 4-4 所示。中国的城市化 2011 年已经达到了 51.27%，城市人口达到了 6.91 亿人，这是中国社会结构的历史性变化，表明中国已经结束了以乡村型社会为主体的时代，开始进入以城市型社会为主体的新的城市时代。然而，城市化过程并不一定是一曲美妙的乐章，也夹杂着许多不和谐之音。城市化带来了一系列的"城市病"：人口膨胀、交通拥堵、环境恶化、资源短缺、城市贫民。根治这些城市病的最有效手段就是建设生态宜居的绿色城市。绿色城市既是一种全新的价值观和城市发展理念，又是在意识和观念上引导城市相关利益主体尊重自然、与自然和谐相处。具体来讲，绿色城市应当具有以下几个特征。

1. 科学合理的城市规划

绿色城市首先有科学合理的规划定位。根据城市的区位条件、自然条件、人口规模和未来发展潜力及趋势对城市性质、功能、发展目标进行科学、准确的定位，制订竞争和发展战略。这不仅明确了城市竞争力之所在，而且指明了城市发展的方向，能凝聚全体市民的建设热情和力量，有利于城市整体形象的营销。应根据国家和地方有关技术标准、规范和实际使用要求，合理利用城市土地，重视节约用地，尽量利用荒地、劣地，少占耕地、菜地、园地和林地建设和发展城市。

2. 功能齐全的环境设施

城市环境基础设施是城市建设和管理的重要组成部分，是防治污染、改善环境质量的物质基础。一是城市水、电、气、热供应系统完善配套，水资源得到切实保护和合理利用，重复利用率高，供水能力增强，城市供热和管道燃气稳步发展。二是现代化信息网络系统畅通，知识和技术能够通过现代化的信息网络系统及时传播、广泛分享。三是以污水、垃圾处理为核心，现代化的环保环卫系统完善，大中城市逐步实行雨污分流，各级城镇均应配套建设污水处理设施，污水集中处理率大幅度提高。四是城市生态环境系统优美、舒适、和谐，河道水面有效整治，城市绿化"点、线、面"有机结合，"乔、灌、草"配置合理，绿色空间大幅度增加。五是城市防灾减灾系统安全可靠，城市防洪体系与流域防洪相衔接，与区域防台御潮、抗旱治涝相结合，与城市总体规划相协调，城市急救和应急系统完善有效。

3. 循环经济的运行模式

循环经济即物质闭环流动型经济，是指在人、自然资源和科学技术的大系统内，在资源投入、企业生产、产品消费及其废弃的全过程中，把传统的依赖资源消耗的线形增长的经济，转变为依靠生态型资源循环来发展的经济。在资源开采环节，大力提高资源综合开发和回收利用率。在资源消耗环节，大力提高资源利用效率。在废弃物产生环节，大力开展资源综合利用。在再生资源产生环节，大力回收和循环利用各种废旧资源。在社会消费环节，要大力提倡绿色消费。

4. 公交优先的交通网络

贯彻"公交优先"的方针，集中力量优先发展城市公共交通，重视城市道路和城市交通枢纽建设。特大城市的交通网络以大运量快速轨道交通为骨干，逐步形成以轨道交通为主干、以公共汽车为基础的现代化城市交通格局。大力发展城际快速通道网，以高速铁路网、高速公路网、空中走廊、信息高速公路为骨干的快速通道网对城市经济的发展、对城镇体系内各城市之间的相互联系和相互作用起到越来越重要的作用。同时，交通服务业水平大幅提高，现代物流发展迅速，传统交通产业加速向现代服务业转型。交通方面各有关部门之间沟通协调，相互合作，相互支持，各方面的积极性充分调动，市民出行安全、便捷。

5. 清洁环保的能源体系

清洁能源为主题的城市能源供应系统的良性循环，以保障城市能源实现减量化——降低能源的使用量，再利用——增强能源的回收再利用，再循环——增加能源废弃物的资源化利用。同时，各种清洁能源如水力发电、风力发电、太阳能、生物能（沼气等）、海潮能得到广泛利用，在能源使用过程中很少对城市环境造成二次污染。

6. 环境优美的居住空间

生态、建筑、景观等相关行业相互沟通、相互理解、相互配合。城市绿化率、覆盖率和人均绿地面积大幅提高，公共绿地调控均匀；居住区游园、邻里公园、社区公园、综合性公园等城市公园给市民足够的休闲和游憩空间；生物多样性保护问题得到充分考虑，生物栖境和迁移通道预留充足；消失和退化的城市湿地得到有效恢复，大自然恩赐的城市湿地在继续滋养城市生机的同时，为市民提供一个生态安全、空气清新、鸟语花香的高品位生活环境。长满绿色植物的摩天大楼如图4-5所示。

7. 软硬并重的技术支撑

节约或保护能源和自然资源、减少人类活动产生的环境负荷，从而保护环境的相关软硬件技术得到有效开发。环保设备如污染控制设备、环境监测仪器及清洁生产技术等硬件生产达到较高水平；操作及运营方法等软技术如废物管理环境规划、环境评价、环境标志设计、环境信

图4-5　长满绿色植物的摩天大楼

息系统的研制与维护等逐步成熟。软硬件技术足以支撑绿色城市的健康运行，绿色城市因而能够为人类提供全面的文化发展机会并使其充满欢乐与进步，成为生物材料和文化资源以最和谐的关系相联系的凝聚体。

绿色城市是通过观念更新、体制革新和技术创新，在生态系统承载能力范围内，挖掘城市内外一切可以利用的资源潜力，建设一类经济发达、生态高效的产业，生态健康、景观适宜的环境，体制合理、社会和谐的文化以及人与自然和谐共生的健康、文明的生态社区，实现环境、经济和人的协调发展。

五、合作治理的绿色行政

绿色行政就是对环境友好的行政。绿色的行政管理活动是对保护资源、环境，实现社会、经济持续发展有利的活动。绿色行政文化就是一种节约能源、保护环境、人与自然和谐相处的行政价值观。政府作为绿色行政的主体，把加强生态文明建设的理念融入自身的职能转变、机构改革以及公共管理和公共服务之中。

1. 完善相关机制

各级政府视生态环境保护为己任，积极推行绿色行政，建立生态文明建设责任机制。作为生态文明建设责任制的有机组成部分，绿色政绩考核机制、生态保护问责机制、环境损害赔偿机制、生态环境突发事件和群体性事件的应急机制等得到创建和完善；生态文明建设考核指标体系和考评机制形成并得到广泛运用，生态文明建设政绩考核结果与干部奖惩任免直接挂钩。各项机制的有效运行加强了对各级行政执法部门和行政执法官员生态责任的刚性约束，从机制上杜绝可能对生态文明建设造成的破坏。

2. 提供生态产品

把提供公共生态产品纳入各级政府的责任范围。基本的生态质量是一种公共产品，是政府必须提供的基本公共服务。作为公共产品的良好生态环

> ### 知识点：合作治理
>
> 　　合作治理是社会力量成长的必然结果，是对参与治理与社会自治两种模式的扬弃，通过社会自治而走向合作治理将是一个确定无疑的历史趋势。合作治理与传统公共行政的重要区别在于：它打破了公共政策政治目标的单一性，使政策走出单纯对政治机构负责的单线的线性关系形态。在合作治理的条件下，行政权力的外向功能会大大地削弱，治理主体不会再依靠权力去直接作用于治理对象。行政权力服务于抽象的公共利益的状况也会改变，进而会紧密地与行政权力持有者的道德意识相关联。

境，包括清新空气、清洁水源、安全食品等，都是人类生产生活的必需品和消费品，各级政府理应成为生态公共产品的第一生产者和提供者。这体现了政府对民众渴望拥有优质生态产品和优良生态环境这一迫切需求的积极回应和基本保障。

3. 建立长效机制

　　各级政府都将相应建立生态文明建设的长效机制。经济发展的模式实现了由粗放型发展向集约型发展转变，科技型、环保型、资源节约型、资源循环利用型产业在政府的大力推动下得到了长足发展，再生能源产业、环境保护产业发展迅猛。政府在扶持环保企业，加大对环境破坏的惩处力度的方面持之以恒，依法绿色行政贯穿在整个生态文明建设过程中。

　　在充分发挥政府绿色行政主导作用的同时，调动有关社会组织的积极性，实行合作治理。社会自治和自我治理早已根据公共产品的不同特性，从不同的角度分别提出合作治理的要求，进而展示出社会管理的最佳出路——有效整合各种社会资源，发挥多元主体的各自优势，打破政府提供公共产品的垄断地位，实行公私部门之间的合理竞争，让公众自由地选择公共产品和公共服务。中国社会就早已有互助合作的优良传统。人际的互通有无、邻里的守望相助、家族的扶危济困、社会的救灾解难、公益的众擎易举、抗敌的众志成城，等等，其中不乏有组织和经常化的活动，像慈善和奖学之类。我们清楚地看到，在应对历次特大灾害中，社会团体、民间组织都主动和尽力配合。这也充分证明合作治理在许多方面，包括在生态产品的供给方面大有可为。

六、芳菲斗艳的生态文化

生态文化是生态文明发展的基础和建设的灵魂，培育生态文化，引导在全社会形成生态文明价值取向和正确健康的生产、生活、消费行为，形成人人关心、参与生态文明建设的氛围，对走向生态文明新时代，有着至关重要的意义。要将生态文明理念融入社会主义核心价值体系，着力培育生态文化，构建生态文化体系，营造生态文明建设良好社会氛围。

1. 有效传承传统生态思想

我国有着悠久的生态文化传统，山水文化、森林文化、传统农耕文化及少数民族传统文化无不闪耀着前人的生态智慧；茶文化、花文化、竹文化中包含着丰富的生态思想内涵。传承并发扬传统的生态思想，是建设生态文明的重要内容和有力保障。

2. 不断涌现生态文艺精品

宣传生态文化为主题的文学、影视、戏剧、摄影、音乐等多种艺术作品，无论在数量还是质量上都得到了人们的认可，充分发挥了在宣传倡导生态文明价值观、生态审美观，唤起公众生态意识和生态正义感方面的作用，是生态文明教育的有效载体。

3. 普遍开展生态文明宣传

以电视公益广告等形式，从社会公德、职业道德、家庭美德和个人品德入手，进行广泛的宣传教育。通过世界水日、地球日、节能宣传周等活动，开展群众喜闻乐见的宣传教育，以广覆盖、慢渗透的方式提高公众生态道德素养。积极开展生态文明社区、机关、学校、军营、厂区等的创建活动。构建生态文明教育体系。坚持生态文明教育从孩子抓起，全面推进大、中、小学生生态文明教育。

4. 充分挖掘生态文化资源

在生态文化遗产丰富、保持较完整的区域，建设一批生态文化保护区，

维护生态文化的多样化。加强对历史文化名城、名镇（村）、历史文化街区、传统村落的保护力度。结合山水城市、绿色小镇、美丽乡村建设，建设和形成一批以绿色企业、绿色社区、生态村为主体的生态文化宣传教育基地。原生态民俗村落如图4-6所示。

图4-6　原生态民俗村落

5. 大力推行生态生活方式

城乡居民广泛使用节能型电器、节水型设备，开展垃圾分类处理试点并逐步在全省推广。鼓励绿色消费，提倡健康节约的饮食文化，倡导文明节俭的婚丧嫁娶行为活动。推动绿色出行，确立了公共交通在城市交通中的主体地位。新能源、清洁能源车辆推广应用。以城市综合体、示范小城镇为突破口，绿色建筑加快发展。

七、尊重环境权的生态法制

在不同的文明中，人们最为关心、最有代表性的权利往往是不同的。在农业文明中，表现为地权；在工业文明中，表现为工业产权。

生态文明建设是以资源环境承载力为基础，以自然规律为准则，以保障和促进良好环境质量和可持续发展为目标的资源节约型、环境友好型社会。生态文明建设的目标包括两个方面。一是维护良好的环境质量。这又包括两

个层次：保障环境安全，如水环境安全、大气环境安全、土壤环境安全等；保障环境舒适，即在满足环境安全的前提下，在某些方面满足人们环境舒适的更高需求，如良好的通风和采光、安宁的环境、优美的景观等。二是保障和促进可持续发展，即保障自然资源的可持续利用。可持续发展的含义包括：对于可再生性资源而言，其利用水平不应超过再生能力；对于污染而言，污染物的排放水平应当低于自然界的净化能力；对于不可再生性资源而言，

> **知识点：环境权**
>
> 环境权即公民、法人和其他组织等对其所处环境所享有的满足其正常生产、生活之环境安全和环境舒适等需求的权利。简言之，即一定环境内的公民和社会组织等享有良好环境的权利。环境权可分为安全性环境权和舒适性环境权两大层次，前者如对于饮用水的清洁水环境权，后者如景观权等。

要注重节约利用（包括高效利用和循环利用），以保障其利用的时间尽量延长，并寻找和发展可再生的替代性资源，以便不可再生性资源耗尽时有足够的可再生资源作为替代，从而维持人类的持久生存和发展。

从"权利本位"的角度看，生态文明建设最重要的就是赋予人们享有良好环境的权利，使人们有权从政府获取有关环境信息，有权参与政府部门的环境决策，有权请求政府部门履行环境监管的法定职责，有权对污染和破坏环境的公民、法人和社会组织以及不履行职责或不当履行职责的政府部门提起诉讼，从而有力地对抗污染和破坏环境的各种行为，切实实现对环境和资源的有效保护。

1. 环境权成为最基本的人权之一

概念的提出是20世纪六七十年代环境危机下开展环境保护运动的产物。1960年，德国的一位医生向欧洲人权委员会提出控告，引发了是否要把环境权追加进欧洲人权清单的大讨论。20世纪70年代初，美国学者萨克斯教授从民主主义的立场首次提出了"环境权"的理论。1970年，日本先后举行了东京公害国际会议和"日本律师联合会第13次人权拥护大会"，有学者和律师倡导将环境权作为一项法律权利和基本人权对待。此后，环境权几度成为学界研究的热点和社会关注的焦点，中外诸多学者前赴后继地投

入其中，为环境权理论的发展做出了不朽的贡献。

2. 环境权是生态文明时代的代表性权利

从整个人类文明的变迁和建设来看，人类文明从农业文明、工业文明发展到生态文明，而与人类文明相应的典型权利则从地权、工业产权发展到环境权。生态文明建设的目标和任务之一，就是要确认和保障公民环境权。

3. 环境权得到宪法和法律上的确认

当前，我国环境纠纷与环境群体性事件与日俱增，生态文明建设遭遇挑战。据统计，自 1998 年以来，我国每年的环境污染纠纷以超过 20% 的速度递增，2008 年投诉到环保部门的环境纠纷甚至达到了 70 多万件。然而，真正通过司法诉讼渠道解决的环境纠纷不足 1%。对于环境纠纷，群众之所以宁愿选择信访或举报投诉等途径解决，而不愿选择司法途径，最主要的原因在于很难证明污染行为与所生损害之间的因果关系，以致环境诉讼遭遇"举证难""审判难"等。

此外，近年来，环境群体性事件也频频爆发。据统计，环保问题排在了当前全国群体性事件十大原因的第九位，因环境污染引起的群体性事件的增长速度还排到了全国第七位，增长率达到了 29.8%。这些环境群体性事件爆发的主要原因是民众缺乏或难以通过法律手段参与环境行政决策程序，切实维护自身权益，最终只能走上街头表达诉求，从而引发种种群体性事件，威胁社会的和谐与稳定。

为此，我国有必要在法律上确认环境权。作为生态文明新思想发源地的全球第二大经济体，我国理当顺应生态文明建设的时代需要，借鉴世界各国的先进经验，在宪法和法律中确认环境权。在可以预见的将来，这个愿望是一定能够实现的。

城市森林

　　城市森林作为一种生态系统，是以各种林地为主体，同时也包括城市水域、果园、草地、苗圃等多种成分。城市森林可美化环境，有益市民健康，使城市居民的生活、工作和休闲环境更加舒适宜人，是构成城市景观中不可或缺的重要成分。

　　武汉马鞍山森林公园位于湖北省武汉市，总面积 713 公顷，其中山林、湖塘、农田、苗圃、村庄错落分布，构成典型的山水田园自然生态型环境。公园内共有 17 座山林，迂回起伏的山形地貌，丰富的森林植被，使森林公园自然风光秀丽幽雅，放眼望去，苍山横翠，层峦叠嶂，美不胜收。

　　· 武汉新洲涨渡湖湿地森林公园位于武汉市新洲区东南端，紧邻长江。总面积 13389 公顷，其中核心区面积 3030 公顷、缓冲区面积 886.5 公顷、实验区面积 9472.5 公顷，具有滩涂、沼泽、水域等多种生态系统，自然景观独特，生态地位突出。

　　武汉九峰国家森林动物园位于武汉市洪山区。该园占地 333 公顷，境内九大山峰构成九峰矗立、山峦婉蜒的丘陵地貌景观，自然景观优美，野生动植物资源丰富，整个保护区的林木绿化率将达到 63.2%，是武汉地区森林面积最大的绿色资源宝库。

在当代中国，生态文明建设是在 21 世纪深入实施可持续发展战略的形象概括。生态文明建设的重点就是要优化国土空间的开发格局，全面促进资源节约，加大自然生态系统和环境保护力度，加强生态文明制度建设。

一、优化国土空间开发格局

国土是生态文明建设的空间载体，是人们赖以生存和发展的家园。优化国土空间的开发格局是实现生产空间的集约高效、生活空间的宜居适度、生态空间的山清水秀的基础；是给自然留下更多的修复空间，给农业留下更多的良田，给子孙留下天蓝、地绿、水净的美好家园的前提。

> **知识点：生态空间**
>
> 生态空间是指具有重要生态功能、以提供生态产品和生态服务为主的区域，可分为两类：一是具有重要生态服务功能的区域，主要提供生态产品与生态服务，如水源涵养、地下水补给、土壤保持、生物多样性保护、固碳、自然景观保护等；二是具有重要生态防护功能的区域，即预防和减缓自然灾害的功能，洪水调蓄、防风固沙、石漠化预防、地质灾害防护、道路和河流防护、海岸带防护。

1. 产生的一些不利变化

改革开放 30 多年来，我国经济社会发展和国土开发取得了举世瞩目的伟大成就，与此同时，国土空间开发格局也发生了许多不利变化。历史上形成的人口东南部稠密、西北部稀疏的整体格局没有改变，区域发展差距呈扩大之势。城镇化加速发展，但占地过多，发展质量和以城带乡能力有待提高，基础设施建设重复、滞后和过度超前等现象并存。一些地区盲目设立产业园区，地区间产业结构雷同、产能过剩、无序竞争等问题突出，服务业发展不足，制造业依靠资源能源要素驱动，农业仍然是国民经济的薄弱环节。经济建设空间与优质农用地资源高度重叠，降低了区域承载能力。一些地区过度开发，导致森林破坏、湿地萎缩、水土流失、土地沙化石漠化等问题突出，大气、土壤和水环境总体质量下降。海岸带和近岸海域过度开发问题显现，海域生态环境恶化趋势明显，优化国土空间开发格局极其重要，也极为紧迫。

2. 应着重平衡几个关系

优化国土空间开发格局，至少包含以下五个相互关联的层面。一是陆海层面。要树立大国土理念，坚持陆海统筹发展，充分发挥海洋国土作为经济空间、战略通道、资源基地、环境本底和国防屏障的重要作用，促进海洋强国建设。二是区域层面。要树立均衡发展理念，坚持国土开发与资源环境承载能力相匹配，坚持以重点开发促进面上保护，加快构建多中心网络型国土开发格局。三是城乡层面。要树立城乡发展一体化理念，坚持走中国特色城镇化发展道路，优化发展和重点培育城市群，促进大中小城市和小城镇协调发展，增强城镇吸纳人口能力，实现以城带乡、城乡共荣。四是产业层面。要树立产业协调发展理念，坚持工业化、信息化、城镇化、农业现代化同步发展，依托区域资源优势优化基地布局，促进基础产业发展，支持战略性新兴产业、先进制造业、现代服务业健康发展。五是功能层面。要树立国土开发主体功能理念，按照人口资源环境相均衡、经济社会生态效益相统一的原则，控制开发强度，调整空间结构，实现生产空间集约高效、生活空间宜居适度、生态空间山清水秀。

3. 执行主体功能区规划

主体功能区的定位是依据各个地区自然生态状况、水土资源承载能力、区位特征、环境容量、现有开发密度、经济结构特征、人口集聚状况、参与国际分工的程度等多种因素而确定的，是从全国一盘棋的角度来思考国土空间开发的格局。《全国主体功能区规划》确定的优化开发区、重点开发区、限制开发区和禁止开发区四类地区的定位及范围和相关政策配套，为各地区国土开发方式、开发方向和开发内容提供了依据。

优化国土空间开发格局的关键是：各地区要严格执行《全国主体功能区规划》，并科学制定

> **知识点：湖北重点生态功能区**
>
> 湖北有国家级重点生态功能区3个。它们分别是：大别山水土保持生态功能区、秦巴生物多样性生态功能区（包括神农架林区）和武陵山区生物多样性和水土保持生态功能区。湖北还有省级重点生态功能区1个，即幕阜山水源涵养生态功能区。

本辖区范围内的主体功能区规划，要尽可能扩大限制开发区和禁止开发区的面积，建立更多的各种类型的生态保护区。严格执行土地利用审批制度，定期对管辖范围内的土地利用和国土开发进行监测。严格禁止以"开发"资源和"保护"生态的名义在限制开发区和禁止开发区进行生态功能用地的转换。

4. 走集约型城镇化道路

一是要推进城乡建设用地置换，在乡村人口减少比较明显的地区，逐步推进村镇合并和土地的集中利用和规模化利用，在不适合人类居住和产业开发的地区，鼓励移民，恢复自然生态。二是集约高效开发城镇用地，要根据城镇人口增加的速度和规模，合理确定新增城镇建设用地规模，合理布局城镇工业、服务业、科教卫生文化事业、交通物流和居住等的用地。三是以推进中小城市发展为重点培育城市群，促进不同规模城镇均衡发展。要逐步调整资源过度向大城市、特大城市集中的趋势。要以中心城市为核心，推进量多面广的中小城市的发展，培育功能互补、协同创新能力强、空间布局协调、生态保障高效的城市群。四是推进城市产业结构升级，发展无污染、低消耗、高附加值产业，淘汰落后产能，减少排污，降低城市的能耗水平，打造低碳城市。

5. 全方位拓展生态空间

一是要通过集约利用土地挖掘国土空间潜力，保证建设用地和农业用地少占和不占生态用地。在确保本区域耕地和基本农田面积不减少的前提下，在适宜的地区实行退耕还林、退牧还草、退田还湖，扩大生态空间。二是科学合理制定生态空间建设布局，全面优化生态空间，提高湿地、水域、森林、草地等生态用地的自然修复能力和生态功能。三是通过建立和完善生态补偿机制、人口转移、产业结构调整等多种方式降低人类活动对生态功能区的开发程度，全面保护自然环境。四是鼓励探索建立地区间横向援助机制，生态环境受益地区应采取资金补助、定向援助、对口支援等多种形式，对重点生态功能区因加强生态环境保护造成的利益损失进行补偿。五是充分开发和利用海洋的生态功能，保护海洋生态环境，各类开发活动都要以保护好海洋自然生态为前提，尽可能避免改变海域的自然属性，提高海洋资源综合开发能力。

二、全面促进资源节约

节约资源是保护生态环境的根本之策。党的十八大报告对全面促进资源节约做出了具体部署，明确了全面促进资源节约的主要方向，确定了全面促进资源节约的基本领域，提出了全面促进资源节约的重点工作。

1. 树立节约资源的理念

一是要树立善待地球、保护生态资源的理念。由于长期以来人类对地球不断进行掠夺式开发，地球资源已经到了全面紧缺的地步。联合国考察报告指出："人类活动已经破坏了地球上 60% 的草地、森林、农耕地、河流和湖泊。"自然资源不是可以无限使用的。为了人类社会的持续发展，我们必须考虑经济产出的自然资源成本。善待地球，保护生态资源，是全人类的共同责任。

二是要树立需求无限而资源有限的忧患理念。我国是一个人均资源水平较低的国家。从资源禀赋看，我国是总量上的富国、人均上的贫国。我国已经探明的矿产资源总量约占世界的 12%，居世界第 3 位，但人均占有量仅为世界人均水平的 58%，居于第 53 位。随着经济的高速发展，淡水、土地、草地、森林等自然资源的消耗和占用急剧增加。如果我们不注意节约和保护资源，经济社会发展和人民生活质量提高将受到严重制约。

三是要树立节约就是增加社会财富的理念。节约强调的是按照物品的特点进行适时、适量、适度、适物的使用和消费，用更少的资源获得更大的经济效益和社会效益。当前，经济活动中存在的只重生产、不重节约的行为，造成了巨大浪费。我国钢铁、有色金属、电力、化工等高能耗行业的单位产品能耗比世界先进水平平均高出 40% 以上；我国每年建成房屋的 95% 以上属高耗能建筑；我国农业灌溉用水有效利用系数为 0.4 ~ 0.5，而发达国家为 0.7 ~ 0.8。在人们的日常生活中，浪费现象更是十分普遍。我国的节约潜力巨大，能够为社会增加大量的财富。

四是要树立节约须走技术创新之路的理念。加强技术创新是实现能源、资源节约的必由之路。应把能源、资源、环境、生物技术等放在优先位置，尤其是在提高能源综合利用效率的技术，发展循环经济的相关技术，发展太阳能、水力、地热能的技术，利用生物质能源的技术等方面，要加强研发和攻关。

五是树立全社会崇俭抑奢的理念。在建设节约型社会的过程中，政府应起到表率作用，大力加强节约型机关建设，把勤俭节约列入干部考核内容。广大公民是建设节约型社会的主体，每个公民都应具有勤俭节约的道德情操和良好习惯，从自己做起，从身边点滴小事做起。

2. 转变资源利用的方式

资源是增加社会生产和改善居民生活的重要支撑。要大力推动资源利用方式根本转变，通过资源的高效利用，使有限资源更好地满足人民群众物质文化生活需要。

第一，转变资源管理方式是关键。随着人们对资源的认识变化，政府部门对资源管理也经历了从数量管理到质量管理再到生态管理的过程，并呈现出资源综合管理的趋势，即以整体的自然资源为管理对象，以不同门类自然资源的共性为基础，以不同门类自然资源之间的相互协调关系为纽带，利用一体化的综合的运行机制，将不同门类的资源进行统一管理。在市场经济条件下，自然资源管理要以产权约束为基础，实行行政管理和产权管理相结合、实物管理和价值管理相配套、技术监督和经济监督相协调的管理模式。

第二，转变资源利用方式是重点。传统工业社会的生产模式是一种"资源—产品—污染物"单向流动的线性经济。生态文明社会的生产模式是以资源合理利用、减少废弃物的排放为特征，在物质循环中最大限度地利用资源，是一种非线性的、循环的生产模式。转变资源利用方式，是在生态文明理念下转变自然资源管理的重点所在。

第三，加强资源综合评价是基础。某一特定的自然资源总是在一定区域和空间内赋存的，而在一定空间和区域内同时赋存有多种自然资源。要从自然资源系统评价、自然资源开发的环境影响评价、自然资源开发的关联评价等三个方面开展资源全面评价，以增强资源评价的科学性。

第四，资源管理体制创新是保障。要按照生态文明建设的要求，在完善已有各类资源法律的基础上，加快推进以自然资源统一管理为核心的立法工作，推进自然资源领域的综合立法。要加强自然资源综合管理，全面提升资源综合管理工作水平。

3. 推动能源生产和消费革命

我国能源生产和消费方面存在着很多的问题，如：内部需求快速增长与外部压力日益加大的矛盾，公平和效率的矛盾，调整能源结构与保障安全之间的矛盾，能源数量与能源质量的矛盾。我们必须从国家发展和安全的战略高度，审时度势，借势而为，积极推动能源生产和消费革命，找到顺应能源大势之道。

第一，积极推动能源消费革命。要转变能源消费理念，抑制不合理能源消费，控制能源消费总量，坚定调整产业结构，高度重视城镇化节能，切实扭转粗放用能方式，不断提高能源效率，以尽可能少的能源消费支撑经济社会发展。推进城乡用能方式转变，实施新城镇、新能源、新生活行动计划，加快农村用能方式变革。

第二，积极推动能源供给革命。大力推进煤炭清洁高效利用，着力发展非煤能源，形成煤、油、气、核、新能源、可再生能源多轮驱动的能源供应体系。实施绿色低碳战略，着力推进能源结构调整优化，把发展清洁能源作为调整能源结构的主攻方向。逐步降低煤炭供给比重，提高天然气供给比重，大幅增加水电、风电（见图 5-1）、太阳能、地热能、生物质能等新能源、可再生能源和核电供给比重。

图 5-1　风电

第三，深化改革，创新驱动，为能源科学发展注入强大动力。积极推动能源体制改革，打通能源发展快车道，还原能源商品属性，构建有效竞争的市场结构和市场体系，形成主要由市场决定能源价格的机制，转变政府对能源的监管方式，建立健全能源法治体系。放开竞争性业务，鼓励各类投资主体有序进入能源开发领域，进行公平竞争。进一步简政放权，在已取消和下放 23 项行政审批事项基础上，继续取消和下放一批行政审批事项。要加强事中、事后监管，放管并重，放而不乱。对保留的行政审批事项，优化程序，简化条件，推进阳光审批，接受社会监督。

第四，积极推动能源技术革命。紧跟国际能源技术革命新趋势，以绿色低碳为方向，分类推动技术创新、产业创新、商业模式创新，并同其他领域高新技术紧密结合，把能源技术及其关联产业培育成带动我国产业升级的新增长点。抓好重大科技专项，力争页岩气、深海油气、新一代核电等核心技术取得重大突破。

第五，持续改善人民群众生活用能状况。人民对美好生活的向往，就是我们的奋斗目标，也是推动能源生产和消费革命的目标。要把解决无电地区人民群众用电问题摆在突出位置，全面解决无电人口用电问题，确保人民群众可靠用电、放心用电、满意用电。实施气化城市民生工程，有序拓展天然气城镇燃气应用，新增天然气优先保障居民生活或用于替代燃煤。

第六，狠抓能源行业大气污染防治。突出抓好增供外来电力、保障天然气供应、发展核电和可再生能源以及提前供应国 V 标准成品油等重大项目。力争通过努力，显著降低能源生产和消费对大气环境的负面影响，为实现全国空气质量改善目标做出更大贡献。

4. 加大发展循环经济的力度

大力发展循环经济，能够从根本上解决我国在发展过程中遇到的经济增长与资源环境之间的尖锐矛盾，协调社会经济与资源环境的发展，走出中国特色的新型工业化道路，促进全面建设小康社会的宏伟目标的实现。

第一，要加快推行循环型生产方式。要加快推行清洁生产，在农业、工业、建筑、商贸服务等重点领域推进清洁生产示范，从源头和全过程控制污染物产生和排放，降低资源消耗。加快探索把工业与农业、生产与消费、城区与郊区、行业与行业之间有机结合，使不同生产主体之间资源共生互补，构建有序的循环经济产业体系。

第二，回收再利用与绿色消费并重。健全资源循环利用回收体系建设，是实现再生资源综合循环利用的基础和前提。依靠市场和行政手段，加快整合废旧资源回收行业，坚决取缔不法回收经营企业，使回收体系运行更加有序；要鼓励回收企业与循环利用企业之间增强互动，做好衔接，进一步完善回收再利用产业链条。绿色消费是一种以适度节制消费，避免或减少对环境的破坏，尊重自然和保护生态等为特征的新型消费行为和过程。通过发展绿色消费，引导消费观念和消费行为，使人们注重保护自然，形成科学、文明、健康的消费方式，促进生态环境的优化。

第三，在加快推进循环经济发展的过程中，有关方面也应加强规划指导、财税金融等政策支持，为循环经济的发展提供强有力的法律法规保障。积极从政策和资金方面支持和引导企业加快开发应用循环利用、零排放和产业链接技术，推广循环经济典型模式，充分发挥典型的示范带动作用，促进循环经济的快速发展。

三、加大自然生态系统和环境保护力度

自然生态系统为人类的生存和发展提供清洁的水、新鲜的空气、充足的阳光、丰富的矿物质，是人和社会可持续发展的根本基础。加大自然生态系统和环境保护力度，更加自觉地珍爱自然，是建设生态文明新时代的必然要求。

1. 实施重大生态修复工程

纵观世界各国生态治理的历程，我们充分认识到，实施重大生态修复工程成为生态危机及一系列生态难题的必由之路。面对新中国成立以来生态状况始终得不到显著改善、抵御自然灾害能力不断减弱的局面，党中央、国务院相继采取了一系列生态修复的重大举措，取得了辉煌的成就，成为世界生态工程典范。

但就目前情况而言，我国各类生态系统受损情况和生态安全问题普遍存在，生态脆弱地区涉及面广、生态系统破坏的情况复杂，必须要根据各生态系统存在的问题，实施不同的重大生态修复工程。

第一，修复森林生态系统。我国森林覆盖率远低于全球 31% 的平均水

平，存在森林资源总量相对不足、质量不高、分布不均等突出矛盾。加之长期以来，人们只注重短期经济效益，忽视了森林生态系统的生态、社会效益，过度地采伐森林，加剧了对森林的破坏，必须尽快加以修复。

第二，修复湿地生态系统。到20世纪末，全国因围垦而消失的天然湖泊近1000个。仅过去10年，我国湿地面积就缩减了2.9%，减少了339.63万公顷，相当于国土面积的3%。自然湿地中尚有一半未得到有效保护。第一次全国水利普查结果显示，过去20年，我国流域面积100平方千米以上的河流减少了2.7万多条，只剩2.3万条，减少一半以上。

第三，修复荒漠生态系统。超载放牧、盲目开垦、乱采滥挖和不合理利用水资源等行为，导致荒漠生态系统退化严重，使我国成为世界上荒漠化、沙化面积最大的国家。20世纪90年代末期，每年扩展3436平方千米，相当于5年损失一个北京市的土地面积的土地。目前，虽然达到了每年缩减1717平方千米，但仍有31万平方千米土地具有明显沙化趋势。同时，石漠化、盐渍化日趋严重，6亿多人口受到威胁。

第四，修复其他陆地生态系统。我国草原、农田和城市等生态系统也存在诸多生态问题，如草原生态系统的退化、超载和草原生物多样性锐减等问题；农田生态系统的水土流失、土壤污染加剧、病虫害频繁等问题；城市生态系统的布局不合理、生态容量不足、生态基础设施缺乏等。

第五，保护生物多样性。我国高等植物中4000多种正受到威胁，1000多种处于濒危状态，其中9种植物野外数量仅存1~10株，54种只有1个分布点。在《濒危野生动植物物种国际贸易公约》列出的640个世界濒危物种中，我国占156种，约占其总数的1/4。

我国将继续实施天然林资源保护工程、退耕还林工程等十大生态修复工程，涵盖森林、湿地、荒漠三大自然生态系统和生物多样性保护，是国家重点生态修复工程的主体。在实施现有国家重大生态修复工程的基础上，各地还将积极谋划启动一批新的地方性工程，形成了科学合理的生态治理格局，扩大森林、湖泊、湿地面积，增强生态产品的生产能力。

2. 加快水利设施建设步伐

水是生命之源、生产之要、生态之基。兴水利、除水害，事关人类生存、经济发展、社会进步，历来是治国安邦的大事。

第一，要突出加强农田水利等薄弱环节建设。大兴农田水利建设，在水土资源条件具备的地区，新建一批灌区，增加农田有效灌溉面积。实施大中型灌溉排水泵站更新改造，加强重点涝区治理，完善灌排体系。大力发展节水灌溉，推广渠道防渗、管道输水、喷灌滴灌等技术。稳步发展牧区水利，建设节水高效灌溉饲草料地。加快中小河流治理和小型水库除险加固。加快推进西南等工程性缺水地区重点水源工程建设，基本解决缺水城镇、人口较集中乡村的供水问题。提高防汛抗旱应急能力，建设一批规模合理、标准适度的抗旱应急水源工程，建立应对特大干旱和突发水安全事件的水源储备制度。继续推进农村饮水安全建设，基本解决新增农村饮水不安全人口的饮水问题。

第二，要全面加快水利基础设施建设。继续实施大江大河治理，抓紧建设一批流域防洪控制性水利枢纽工程，不断提高调蓄洪水能力。加强城市防洪排涝工程建设，提高城市排涝标准。完善优化水资源战略配置格局，在保护生态前提下，尽快建设一批骨干水源工程和河湖水系连通工程，提高水资源调控水平和供水保障能力。搞好水土保持和水生态保护，推进生态脆弱河流和地区水生态修复，加快污染严重江河湖泊水环境治理。

第三，建立水利投入稳定增长机制。多渠道筹集资金，发挥政府在水利建设中的主导作用。综合运用财政政策和货币政策，引导金融机构增加水利信贷资金。支持符合条件的水利企业上市和发行债券，探索发展大型水利设备设施的融资租赁业务。拓宽水利投融资渠道，吸引社会资金参与水利建设。

第四，实行最严格的水资源管理制度。确立水资源开发利用控制红线，建立取用水总量控制指标体系（见图 5-2）。确立用水效率控制红线，坚决遏制用水浪费。确立水功能区限制纳污红线，从严核定水域纳污容量，严格控制入河湖排

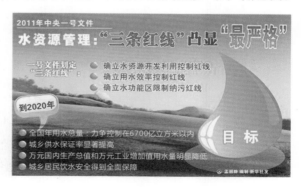

图 5-2　水资源管理

污总量。严格实施水资源管理考核制度，考核结果作为地方政府相关领导干部综合考核评价的重要依据。

第五，不断创新水利发展体制机制。强化城乡水资源统一管理，建立事权清晰、分工明确、行为规范、运转协调的水资源管理工作机制。深化国有水利工程管理体制改革，落实好公益性、准公益性水管单位基本支出和维修养护经费。深化小型水利工程产权制度改革，明确所有权和使用权，落实管护主体和责任，探索社会化和专业化的多种水利工程管理模式。充分发挥水价的调节作用，兼顾效率和公平，促进节约用水和产业结构调整。

3. 加强防灾减灾体系建设

我国是世界上自然灾害发生频繁、灾害种类较多、造成损失严重的国家之一。把防灾减灾放到更加突出的位置，切实做到未雨绸缪、防患于未然，是既关系安全生产又关系民生的一项重要工作。

第一，要继续推进预防和处置地震灾害能力建设。围绕预防和处置地震灾害，加强地震监测预报能力、建筑物抗震设防能力、中小学校校舍安全保障能力、农村民居抗震能力、抢通保通能力、水利设施抗震能力、救灾物资保障能力、专业队伍应急能力、全民防范能力以及紧急救援能力等方面的建设。

第二，要继续加强地质灾害应急能力建设。确立"以预防滑坡泥石流为主、以预测预报为主、以灾前避让为主"的"三为主"方针以及"防治结合、群专结合、单项治理与综合治理结合、重点建设规划与地质灾害防治规划结合"的四结合原则。

第三，要着力完善防灾减灾工作机制。着力抓好抗灾救灾应急指挥机构的协调机制、灾害信息报告和通报机制、灾害预警预报机制、突发自然灾害救助联动机制、物资保障机制、灾害应急管理的社会动员机制、灾害评估机制、灾害信息员培育机制、灾害应急救援队伍组建机制的建设，创新防灾减灾的体制机制，建立良好的工作秩序，以有效应对各类突发自然灾害。

第四，要做好灾情监测预报工作。进一步加大对灾情监测预警能力建设的投入，提高监测预警科技装备水平；完善重大灾情预测预报体系，努力提高预报精确度；加强气象、水文、地质情况监测系统建设，提高灾情信息的收集、分析和处理水平；采取多种形式，大力宣传灾害科普知识，提高公众对灾害信息的判断能力。严厉打击没有任何科学依据恶意造谣、传播灾害信息，保持社会正常生产生活秩序。

4. 着力解决突出的环境问题

我国在改善环境质量方面取得一定的成效，但水、大气、土壤等损害群众健康突出环境问题总体恶化的趋势没有得到根本遏制。必须从源头上扭转环境恶化趋势，让群众喝上干净的水，呼吸新鲜的空气，吃上放心的食物，享有适度的绿色空间。

第一，要加强饮用水水源保护，全面完成保护区划分，取缔所有排污口，推进水源地环境整治。把流域污染防治覆盖范围扩大到所有大江、大河、大湖和有关海域，实行分区控制，优先防控重点单元。

第二，要防治大气污染，要实行脱硫脱硝并举、多种污染物综合控制，并健全重点区域大气污染联防联控机制，明显减少酸雨、雾霾和光化学烟雾现象。大力调整能源结构和产业结构，加快淘汰污染严重的企业，同步提升车用燃油品质，大力发展公共交通和新能源汽车，引导群众绿色出行，降低 PM2.5 浓度。

第三，要坚持城乡统筹、梯次推进，加强面源污染防治和农村环境整治。大力推进农村面源污染防治，引导和鼓励农民科学施肥施药和合理养殖种植，积极开展土壤污染防治和修复，把好土壤这一食品安全的第一道防线。扩大农村环境连片整治范围，每年抓出一批群众看得见、摸得着、能受益的治理成果。

第四，合理调整涉重金属企业布局，严格落实卫生防护距离，在人口聚居区和饮水、食品安全保障区禁止新上项目。提高准入门槛，督促企业深度治理，确保稳定达标排放。

第五，加大风险隐患排查和评估力度，把环境污染事件消灭在萌芽状态。建设快速高效的应急救援体系，一旦发生事件就及时启动应急预案，把损害降到最低程度。严格化学品生产管理，堵塞运输安全漏洞，避免发生公共事件祸及人民群众。

5. 积极应对全球气候变化

全球气候变化及其不利影响是人类共同关心的问题。我国是一个发展中国家，人口众多、经济发展水平低、气候条件复杂、生态环境脆弱，易受气候变化的不利影响。作为一个负责任的发展中国家，我国高度重视应对气候变化。

第一，调整经济结构，促进产业结构优化升级。将降低资源和能源消耗作为产业政策的重要组成部分，推动产业结构的优化升级，努力形成"低投入、低消耗、低排放、高效率"的经济发展方式。促进服务业加快发展，明确了支持服务业关键领域、薄弱环节和新兴行业发展的政策。做强做大高技术产业，完善促进数字电视、软件和集成电路、生物产业等高技术产业发展的政策措施，加快培育符合节能减排要求的新兴产业。加快淘汰落后产能，关停小火电机组，淘汰落后炼铁产能、落后炼钢产能、落后水泥，关闭不符合产业政策、污染严重的企业。

第二，大力节约能源，提高能源利用效率。建立节能减排目标责任制，明确对各省、自治区、直辖市和重点企业能耗及主要污染物减排目标完成情况进行考核，实行严格的问责制。加快实施重点节能工程，推动重点领域节能减排，提高能源开发转换效率，实施有利于节能的经济政策等有效措施。

第三，发展可再生能源，优化能源结构。有关部门颁布了《可再生能源法》，制定可再生能源优先上电网、全额收购、价格优惠及社会分摊的政策，建立可再生能源发展专项资金。继续积极推进水电流域梯级综合开发，加快大型水电建设，因地制宜开发中小型水电。加快风电发展速度，以规模化带动产业化，提高风电设备研发和制造能力。以生物质发电、沼气、生物质固体成型燃料和液体燃料为重点，大力推进生物质能源的开发和利用。积极发展太阳能发电和太阳能热利用。加强对煤层气和矿井瓦斯的利用，发展以煤层气为燃料的小型分散电源。积极发展核电，推进核电体制改革和机制创新。进一步推进煤炭清洁利用，发展大型联合循环机组和多联产等高效、洁净发电技术，研究二氧化碳捕获与封存技术。

第四，发展循环经济，减少温室气体排放。积极推进资源利用减量化、再利用、资源化，从源头和生产过程减少温室气体排放。探索形成企业、企业间或园区、社会三个层面的循环经济发展模式，废旧家电回收处理和汽车零部件再制造试点取得积极进展。推动垃圾填埋气体的收集利用，减少甲烷等温室气体的排放。研究推广先进的垃圾焚烧、垃圾填埋气体回收利用技术，推动垃圾处理产业化发展。

第四，减少农业、农村温室气体排放。迄今已在全国1200个县开展了测土配方施肥行动，引导农民科学施肥，减少农田氧化亚氮排放；推广以秸秆覆盖、免耕等为主要内容的保护性耕作，发展秸秆养畜、过腹还田，增加土壤有机碳含量；落实草畜平衡、禁牧休牧轮牧制度，控制草原载畜量，避免草场退化。大力发展农村沼气，推广太阳能、省柴节煤炉灶等农村可再生能源技术。

第五，推动植树造林，增强碳汇能力。自20世纪80年代以来，我国政府通过持续不断地加大投资，平均每年植树造林400万公顷。据估算，1980—2005年中国造林活动累计净吸收约30.6亿吨二氧化碳，森林管理累计净吸收16.2亿吨二氧化碳，减少毁林排放4.3亿吨二氧化碳，增强了温室气体吸收的能力。

第六，加大研发力度，科学应对气候变化。我国在气候变化领域初步形成了一支跨领域、跨学科的从事基础研究和应用研究的专家团队，取得一批开创性的研究成果，为中国应对气候变化提供了重要的科技支撑。建成一批国家级科研基地，基本建成国家气候监测网等大型观测网络体系。加强应对气候变化先进技术的研发和示范，产学研结合加快了先进技术产业化步伐。建立了相对稳定的政府资金渠道，并多渠道筹措资金，吸引社会资金投入气候变化的科技研发领域。

四、切实加强生态文明制度建设

生态文明建设不仅是节约资源和保护环境的基本要求，而且是中华民族永续发展的必然选择。建设生态文明，必须建立系统完整的生态文明制度体系，实行最严格的源头保护制度、损害赔偿制度、责任追究制度，完善环境治理和生态修复制度，用制度保护生态环境。

1. 健全自然资源产权制度

对水流、森林、山岭、草原、荒地、滩涂等自然生态空间进行统一确权登记，形成归属清晰、权责明确、监管有效的自然资源资产产权制度。建立空间规划体系，划定生产、生活、生态空间开发管制界限，落实用途管制。健全能源、水、土地节约集约使用制度。健全国家自然资源资产管理体制，统一行使全民所有自然资源资产所有者职责。完善自然资源监管体制，统一行使所有国土空间用途管制职责。

2. 建立生态保护红线制度

坚定不移地实施主体功能区制度，建立国土空间开发保护制度，严格按照主体功能区定位推动发展，建立国家公园体制。建立资源环境承载能力监测预警机制，对水土资源、环境容量和海洋资源超载区域实行限制性措施。对限制开发区域和生态脆弱的国家扶贫开发工作重点县取消地区生产总值考核。要探索编制自然资源资产负债表，对领导干部实行自然资源资产离任审计。建立生态环境损害责任终身追究制度。

3. 建立资源有偿使用制度

加快自然资源及其产品价格改革，全面反映市场供求、资源稀缺程度、生态环境损害成本和修复效益。坚持使用资源付费和谁污染环境、谁破坏生态谁付费原则，逐步将资源税扩展到占用各种自然生态空间。稳定和扩大退耕还林、退牧还草范围，调整严重污染和地下水严重超采区耕地用途，有序实现耕地、河湖休养生息。建立有效调节工业用地和居住用地合理比价机制，提高工业用地价格。坚持谁受益谁补偿原则，完善对重点生态功能区的生态补偿机制，推动地区间建立横向生态补偿制度。发展环保市场，推行节能量、碳排放权、排污权、水权交易制度，建立吸引社会资本投入生态环境保护的市场化机制，推行环境污染第三方治理。

4. 改革生态环境保护体制

建立和完善严格监管所有污染物排放的环境保护管理制度，独立进行环境监管和行政执法。建立陆海统筹的生态系统保护修复和污染防治区域联动机制。健全国有林区经营管理体制，完善集体林权制度改革。及时公布环境信息，健全举报制度，加强社会监督。完善污染物排放许可制，实行企事业单位污染物排放总量控制制度。对造成生态环境损害的责任者严格实行赔偿制度，依法追究刑事责任。

五、广泛开展生态文明宣传教育

建设生态文明，应以全社会牢固树立生态文明观念为根本前提。当前迫切需要在全社会深入开展生态文明教育，大力普及生态文明理念，为生态文明建设夯实基础。

1. 生态文明建设教育要先行

建设生态文明要从改变全社会的生产方式、生活方式、消费方式等方面入手，构建全新的人与自然和谐的关系，努力实现经济、社会、自然环境的可持续发展。实现这些转变，需要一种全新的价值观念的指导，需要教育的引领和推动。教育是提升人类文明进步的重要力量和传播文明的有效途径。教育对建立全民生态文明观与价值观，推动生态文明建设，具有重要的基础性作用。其最终目标就是从意识、知识、态度与价值观、行为等层面，引导和帮助人们形成符合生态文明价值取向的正确的生产方式、生活方式和消费方式。因此，加强生态文明教育，提高全民生态素质，是建设生态文明最基础的工作。

开展生态文明教育重在帮助人们认识自然、尊重自然。只有在与自然和谐相处的前提下，人类文明才能持久和延续。必须通过教育，帮助人们反思在处理人与自然关系方面的失误，树立人与自然和谐相处的生态价值观，树立人类平等、人与自然平等的生态道德观，树立以人为本的生态发展观。

2. 生态文明教育的重要内容

生态文明教育的内容十分丰富，主要包括四个方面。一是普及生态环境现状及知识的教育。重在介绍全球和我国环境污染、生态危机的现状，传播最新生态环保动态，提高生态知识的知晓度，唤起公众的生态保护意识、环境忧患意识、能源节约意识、消费简约意识、亲近自然意识。二是推进生态文明观念教育。如生态安全观、生态文明哲学观、生态文明价值观、生态道德观、绿色科技观、生态消费观等价值观念，这是生态文明教育内容的核心。三是强化生态环境法制教育。普及国际环境保护公约等国际环境类履约情况的知识，进行森林法、环境保护法等相关法律的宣传教育，彰显生态正义，引导公民自觉履行生态环境道德义务，自觉地参与生态保护。四是注重生态文明技能教育。如日常生活中的节能减排绿色技术等。要对我国现实生态问题进行分析和反思，借鉴世界生态环境保护的丰富思想和实践。

3. 生态文明教育是全民教育

生态文明教育的主体和对象具有广泛性。除了由政府部门积极承担生态文明教育的主体任务外，企业、学校、非政府组织和社会公众也都是重要的生态文明教育主体，应承担更多的生态文明教育任务。生态文明教育的专业化培养依靠学校，大众化教育则需要政府、学校、传播媒体、社会团体、企业的共同参与。

生态文明教育的对象除了以社会各阶层为对象的社会教育，以大、中、小学和幼儿为对象的学校教育外，还应加强对各级政府部门负责人、企业高层管理者的教育。要努力推动生态文明教育向全民教育、全程教育和终身教育发展，在全社会倡导生态伦理和生态行为，提倡生态善美观、生态良心、生态正义和生态义务。

4. 学校要发挥主阵地的作用

我国大学开展"环境教育""绿色教育"较晚，1996年12月，国家环保局、中宣部、国家教委联合颁布了《全国环境宣传教育行动纲要（1996—2010年）》，提出了创建"绿色学校"的构想。1998年5月，清华大学在国内率先提出了建设"绿色大学"的理念和目标，揭开了普通高校"绿色教育"的序幕，学校逐渐成为生态文明教育的主阵地。

生态观念、生态意识的形成是一个长期的过程，应当从孩子入手，学校在这方面有着不可替代的作用。要努力完善学校生态文明教育格局，以培养学生的可持续发展理念为目标，推动生态文明进课堂、进教材，形成第一课堂与第二课堂的有机结合，课堂教学与校园环境育人相互补充，基础教育与高等教育有效衔接的教育体系。

绿化小区

　　利用植物的独有特色形成一个有统一又有变化、有节奏感又有韵律感、有相对稳定性又有生命力的生活空间，对城市面貌和城市人工生态系统平衡起着非常重要的作用，是衡量居住小区居住环境质量的重要标志，对居民的身心健康有着不可估量的影响。

一、伴随人类一路从远古走来

森林是一个草长莺飞、红情绿意的地方，它不仅是奇花异草、飞禽走兽的"领地"，而且是人类赖以生存和发展的生态家园。早在人类诞生之前，郁郁葱葱的森林就伴随着地球经历了漫长的岁月。森林是地球母亲一件绿色的衣裳，保护着森林也就保护着一座座地下水库，保护着一条条清净的河流，保护着地球母亲那一条条流淌着的血脉。如今人类能够拥有一个生存发展的绿色环境，不能不记住森林的名字，不能不对森林充满感激之情。

什么是森林呢？简单地说，那是"大片生长的树木"。关于森林，不同的人从不同的角度对它有不同的定义。俄罗斯林学家 GF.莫洛佐夫 1930 年提出森林是林木、伴生植物、动物及其与环境的综合体。森林群落学、地植物学、植被学被称之为森林植物群落，生态学称之为森林生态系统。在林业建设上，森林是保护、发展，并可再生的一种自然资源，具有经济、生态和社会三大效益。

1992 年，联合国环境与发展大会通过的《关于森林的原则声明》将森林资源可持续经营定义为："森林资源和林地应当可持续地经营，以保障现代和下一代人们的社会、经济、生态、文化和精神的需求。这些需求是森林的产品和服务，如木材、木材产品、水、食物、饲料、药品、燃料、庇荫、就业、休憩、野生动物生境、景观多样性、碳库和自然保护区，以及其他森林产品。"

总之，森林是指以乔木为主体的植被类型，是指地球上那些长满了树的区域。这些区域给早期的人类生活提供了食物、燃料、木料、药材和其他生存物质。人类的文明起源与森林密不可分。

森林的形成和发展经历了一个漫长的演化过程，分为三个阶段：一是蕨类古裸子植物阶段。在晚古生代的石炭纪和二叠纪，由蕨类植物的乔木、灌木和草本植物组成大面积的滨海和内陆沼泽森林。其中鳞木和封印木高可达20~40米，茎1.3米，是石炭纪重要的造煤植物。现在热带地区还有遗留的树蕨。蕨类植物森林如图6-1所示。二是裸子植物阶段。中生代的晚三叠纪、侏罗纪和白垩纪为裸子植物的全盛时期。苏

图 6-1　蕨类植物森林

铁、本内苏铁、银杏和松柏类形成地球陆地上大面积的裸子植物林和针叶林。三是被子植物阶段。在中生代的晚白垩纪及新生代的第三纪，被子植物的乔木、灌木、草本相继大量出现，遍及地球陆地，形成各种类型的森林，直至现在仍为最优势、最稳定的植物群落。

二、枝叶扶苏的身影遍布大地

森林种类繁多，按其在陆地上的分布可分为针叶林、针叶阔叶混交林、落叶阔叶林、热带雨林、热带季雨林、红树林（见图6-2）、常绿阔叶林（见图6-3）、珊瑚岛常绿林、稀树草原和灌木林。按发育演替，森林又可分

图 6-2　红树林

图 6-3　常绿阔叶林

为天然林、次生林和人工林；按起源，森林可划分为实生林和萌芽林（无性繁殖林）；按树种组成，森林可分为纯林和混交林；按效益，森林可分为用材林、防护林、薪炭林、经济林和特种用途林等；按作业法，森林可分为乔林、中林和矮林；按林龄，森林可分为幼林、中龄林、成熟林和过熟林；按年龄结构，森林可分为同龄林和异龄林等，千姿百态，丰富多彩。

森林分布范围极广，约占陆地面积的 32.3%，分布在寒带、温带、亚热带、热带的山区、丘陵、平地，甚至沼泽、海涂滩地等所有的陆地上。森林里物种丰富，其植物有各种乔木、亚乔木、藤本、灌木、草本、菌类、苔藓、地衣，举不胜举；森林动物有兽类、鸟类、两栖类、爬虫、线虫、昆虫，以及微生物等，无所不包。森林生命周期长，其主体成分树木的寿命可长达数十年、数百年甚至上千年。森林从原生演替的先锋树种（灌木）开始，经历发展强化阶段和相对稳定的亚顶极阶段，到成熟稳定的顶极阶段，通常要经过百年以上。森林的生产率高，由于具有高大而多层的枝叶分布，其光能利用率达 1.6%～13.5%，远远高于其他植物群落。森林每年所固定的总能量占陆地生物每年固定的总能量的 63%。森林的生物产量在所有植物群落中最多，是最大的自然物能储存库。

三、名副其实的"绿色水库"

森林有着许多十分奇妙的功能，这首先表现在它巨大的水源涵养能力。森林以其繁茂的林冠层，林下的灌草植物形成的灌、草层，林地上的枯枝落叶层和疏松而深厚的土壤层，建造了完美的截持和储蓄大气降水的良好环境，从而对大气降水进行重新分配和有效调节，发挥着森林生态系统特有的水源涵养功能，使森林生态系统成为名副其实的"绿色水库"（见图6-4）。

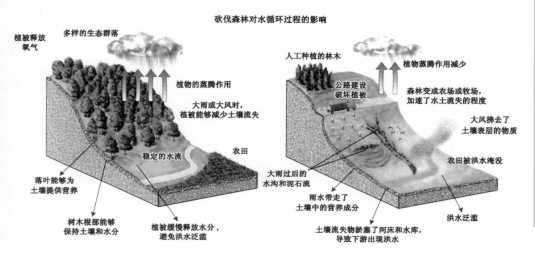

图6-4 "绿色水库"

1. 森林截留降水

降落到森林中的雨滴，受到林冠的截留，引起降雨的再分配。降雨的一部分首先到达树冠的叶、枝、干表面而被吸附或积蓄在枝、叶的分权处；另一部分则顺着枝条、树干流到地面；还有一部分未接触到树体，直接穿过林冠间隙落到林地上；此外，树体还吸收比例很小的一部分雨水。

2. 下层植被截留降水

穿过林冠或从林冠滴下的雨水，一部分与林冠下层植被（灌木、草本和苔藓层等）接触，而出现类似林冠截留的下层植被截留过程。即使对降雪，在即将融雪时也有类似的现象。林冠下层植被种类不同，密度不同，其降雨截留量也不同，但下层植被也是森林截留降水的重要组成部分。

3. 枯枝落叶层截持降水

森林的死地被物层即常说的枯枝落叶层，系由植物的枝、叶、花、果、皮等凋落物组成。一般分3层，上层是未分解的凋落物，中层是半分解物质，下层是完全分解含有矿物质的混合物。枯枝落叶层像海绵一样具有较强的水分截持能力，从而影响穿透降雨对土壤水分的补充和植物水分的供应。枯枝落叶层的吸持水量一般可达自身重量的 2～4 倍。

4．森林土壤的水文特性

降水通过林冠、下层植被、枯枝落叶层的截留到达林地土壤表层，开始进行第三次再分配。水分向土壤入渗，部分滞蓄土壤中，形成土壤水，被林木及植物根系吸收蒸腾或直接因蒸发回归大气。入渗到土壤中的水分储存于饱气带和饱水带，形成亚表层流。当降水强度超过入渗强度或暂时储存于土壤中的水分超过一定限度时，就会形成积水向低处流动，产生林地地表径流，参与流域汇流过程。

据初步测算，我国主要森林生态系统类型水分涵养量以亚热带、热带常绿针叶林为最大，1365.038 亿立方米每公顷；以温带落叶小叶疏林为最小，2.254 亿立方米每公顷；每年我国森林生态系统的水源涵养量总计为3186.175 亿立方米，相当于 15 个丹江口水库的库容量。

四、帮助人类迈向低碳时代

人们从来没有像今天这样关注二氧化碳。因为其浓度的不断攀升，全球变暖等一系列问题随之而生，已经严重威胁人类的生存和发展。如今，与之较量的名词低碳经济、低碳生活等逐渐热了起来。漫步在森林氧吧如图 6-5 所示。

地表气温和二氧化碳的浓度有着直接的对应关系。而温度的升高，使得冰川雪山融化，海平面上升，大面积土地

图 6-5　漫步在森林氧吧

被淹。海平面每上升 1 米，就有海拔 4 米的陆地受威胁。我国 13 亿人口，有 8 亿人居住在海拔较低的地区，包括沿海的富裕城市。气候的变化，还易引起洪涝、干旱、饥饿、疾病等灾难。联合国早在 1992 年就制定了《气候变化框架公约》，其目的是要把温室气体浓度稳定在一定水平上，防止气候系统产生威胁人类的干扰，使生态系统有足够的时间，自然地适应气候变化，经济得到可持续发展，这需要把二氧化碳浓度稳定在百万分之四百五十以内。

正是在全球气候变暖对人类生存和发展的严峻挑战的大背景下，人们提出了"低碳经济"的理念：以低能耗、低污染、低排放为基础的经济模式。但这只是问题的一个方面，人类在追求以节能减排为核心的绿色 GDP 的同时，决不能忽视森林的碳汇作用。

森林生态系统是陆地中重要的碳汇和碳源，在这个系统中，森林的生物量、植物碎屑和森林土壤固定了碳素而成为碳汇，森林以及森林中微生物、动物、土壤等的呼吸、分解释放碳素到大气中成为碳源。如果森林固定的碳大于释放的碳就成为碳汇，反之成为碳源。在全球碳循环的过程中，森林是一个大的碳汇。科学研究表明，森林蓄积每生长 1 立方米，平均吸收 1.83 吨二氧化碳，放出 1.62 吨氧气。造林就是固碳，绿化等同于减排。人工林的固碳作用更加显著，如人工桉树林的生产力相当于天然林（针叶林）的 20 至 30 倍，5 年至 7 年就可以成材，生物量相当于原始林在自然情况下 100 年至 150 年的产量。据预测，到 2050 年我国人工林可达 158 万平方千米。若人工林平均蓄积量提高一倍，将使人工林固碳总量达到 88.4 亿吨。

五、资源宝藏包罗万象

森林是人类的摇篮，早期的人类就在森林中生存繁衍。各种各样的野果是他们的食物，茂密的冠盖为他们遮挡风雨。今天，人类走出了森林，开辟了适于耕种的田园，建造了高楼林立的城市。但是，不论是城市的居民，还是乡间的百姓，都还依然享受着森林的恩惠。人类并没有真正离开森林，也不可能离开森林。

森林是人类的资源宝库。森林除了提供大量木材以外，还能生产松香、栲胶、紫胶、樟脑、桐油、橡胶等具有很大经济价值的产品。森林中具有极其丰富的物种资源，仅热带雨林中的物种就占地球上全部物种的50%。在我国的森林中，既有大量的食用植物，又有很多油料植物，还有丰富的药材资源。此外，森林中还有很多奇花异草和珍禽异兽。

森林是土壤的绿色保护伞。茂密的树叶能够截留降雨，减弱水流对土壤的冲刷；林下的草本植物和枯枝落叶层，如同一层松软的海绵覆盖在土壤表面，既能吸水，又能固定土壤；庞大的根系纵横交错，对土壤有很强的黏附作用。另外，森林还能抵御风暴对土壤的侵蚀。

森林是庞大的氧气制造厂。所有生物的生活都离不开氧气。生物的呼吸作用不断地消耗大气中的氧气，释放出二氧化碳。植物通过光合作用，吸收大气中的二氧化碳，释放出大量的氧气。这样才能使大气中氧气和二氧化碳的含量保持平衡，人们才不会受到缺氧的威胁。森林制造氧气的能力比草地、农田中的植物高数倍。

森林是巨型蓄水库。降水落到树下的枯枝落叶和疏松多孔的林地土壤里，会被

生态文明简明教程

知识点：森林的作用

森林的作用除了涵养水源、保持水土、防风固沙、调节气候等几个人们熟知的之外，还有以下几个。

制造氧气 通常1公顷阔叶林一天可以消耗1000千克的二氧化碳，释放出730千克的氧气。这对于保持空气的清新有着十分重要的意义。

净化空气 林木能在低浓度范围内，吸收各种有毒气体，使污染的空气得到净化。例如，1公顷柳杉林每月可以吸收二氧化硫60千克。

过滤尘埃 林木对于大气中的粉尘污染能起到阻滞、过滤的作用。林木的枝叶茂盛，能够减小风速，使大气中大粒灰尘沉降地面。植物的叶表面粗糙，而且多生有茸毛，有的还能分泌油脂和黏性物质，它们都能吸附、滞留空气中的一部分粉尘。

杀灭细菌 有些植物能分泌强大的抗生素，如橙、柠檬、圆柏、黑核桃、法国梧桐等植物，都有较强的杀菌力。

消除噪声 成片的树木能吸收、阻挡声音，因此，在城市大量植树可以有效地降低噪声，给人们一个安静的休息场所。

蓄积起来，就像水库蓄水一样。雨过天晴，大量的水分又通过树木的蒸腾作用，蒸发到大气中，使林区空气湿润，降水增加。森林对减轻旱涝灾害起着非常重要的作用。

森林是良好的吸尘器。携带各种粉尘的气流遇到森林，风速就会降低，部分尘粒降落地面，另一部分就被树叶上的绒毛、黏液和油脂等粘住。

森林是自然界的卫生保健医生。一片树叶就是一个滤毒器。在光合作用中，叶面上的气孔敞开着，空气中的有毒物质随着空气进入叶组织，储存在植物体内；而光合作用释放出来的气体则是纯净而无毒的。

森林是绿色的隔音墙。噪声是一种物理污染，严重危害着人们的身心健康。枝叶茂密的树冠和表面粗糙的树干，对噪声有很强的吸收和消减作用。声波遇到坚硬而平整的建筑物表面，就会受到强烈的反射，而一旦遇到森林，就像皮球落在松软的沙滩上，不会再弹起来。

森林是多种动物的栖息地，也是多类植物的生长地，是地球生物繁衍最为活跃的区域，森林保护着生物多样性资源。专家指出，经过亿万年的自然选择，生态系统内各种物种相生相克，维持着一种十分脆弱的平衡关系，而"生物资源"的真正价值就在于它的多样性。生物资源就是指对人类有直接、间接潜在用途的生物多样性成分，包括生物的遗传资源、物种资源、生态的服务功能。森林中的动物如图 6-6 所示。

印度加尔各答农业大学的达斯教授曾对一棵树的价值做过全面的估算：一棵长了 50 年的大树，在市场上出售仅能卖到 50～125 美元。其实，这仅仅是它真正价值的 3%，它还有以下三个方面的重要价值：一是以每年平均释放氧气 1000 千克计算，

图 6-6　森林中的动物

50 年生产氧气的价值约 31250 美元，同期防止空气污染的价值为 62500 美元。二是可以防止水土流失，增强土地肥力，产生的价值达 68750 美元。三是在为牲畜和鸟类提供挡风遮雨的地方和筑巢栖息的场所，提供生物多样性方面，产生的价值约 31250 美元，与此同时创造动物蛋白的价值为 2500 美元左右。这三项总计价值 196250 美元。至于大树开花、结果调节气候、美化环境和活到 100 年甚至更长时间所产生的价值简直是无法估量的。

六、地球生物圈当之无愧的灵魂

　　森林是地球上功能最完善的生态系统，对维系地球生物圈的稳定性具有不可替代的决定性作用。森林（含绿地）的面积、质量、覆被率是地球对太阳能开放程度的标志，没有通过绿色植物的光合作用这唯一渠道而来的太阳能对生物圈源源不断地输入，人类赖以生存的各种生态系统将走向崩溃，文明发展也无以为继。过去我们只认识到森林具有防风固沙、净化大气、调节气候、涵养水源、保持水土的功能；当今更应认识到，保护和发展森林直接关系到人类的生存、发展和地球的前途。地球是宇宙中的一叶孤舟，是到目前为止我们所知道的唯一能维持生命进化的摇篮。它非常脆弱，地球以外没有人类可以迁移的绿洲，我们没有近邻可以呼救。因此，人类的经济和社会发展决不能以摧毁地球环境为代价，也就是说，再也不能摧残森林这个人类的"命根子"了。

　　让我们再一次叙述 2009 年世界地球日的宣传海报内容：画面上是全球气候变暖导致小北极熊无家可归的震撼场景。事实上，气候变暖绝不只为北极熊等极地生物带来危害。我国 97 种国家一级保护动物中有 20 多种濒于灭绝，其数量和栖息地都趋于减少和缩小；高等植物中濒危或近濒危的物种为 4000 种~5000 种，占总数的 15%~20%，高于国际 10% 的平均数。近几年，雪豹（见图 6-7）等高山动物的濒危程度正在不断加剧，由于其栖息地不断退化，雪豹这一"孤傲王者"竟然下山偷食牧民的作物。

与雪豹命运相同的，还有很多珍稀高山动物及植物，由于气候变暖，它们的栖息地不断北移。如此发展下去，我国乃至全球的生物分布格局都将发生变化，生态平衡将被彻底打破，最后的结果，不但生物多样性锐减，

图 6-7　濒危的雪豹

还将为人类带来许多未知而可怕的灾难。

　　人类面临着与其他生物相同的命运。近些年，人类罹患癌症的概率有所增加。专家分析，除去现代人工作、生活压力较大等原因外，其主要原因还在于目前环境污染严重：人们呼吸的空气不再清新，饮用的清水不再甘醇，食物也残留着大量的农药……而气候变暖使得对温度升降十分敏感的微生物活跃异常，因此蚊虫肆虐、疾病频繁，带来了很多未知而奇异的"怪病"。

　　生物多样性将在一定程度上保证遗传多样性，袁隆平发明了高产的杂交水稻离不开野生稻的基因。而随着多种野生动植物的消失，人类的发展将受到牵绊。随着环境的不断发展变化，或许有一天小麦、水稻这些粮食作物都将无法继续生长，到那一天，没有了野生植物基因，人类的生存何以为继？任何一种动植物都不可替代，它们的消失，将是一环生物链的缺失。而同样处于生态系统中的人类，将在动植物的日渐稀少之后，走向覆亡。森林是人类和整个地球生物圈赖以生存、生活、生产和发展的基础，是地球生物圈的灵魂所在。

七、人类永恒的精神家园

　　森林是孕育人类的摇篮，与人类的生存发展休戚与共，息息相关。可以

说，没有森林便没有人类。科学研究证明，地球作为太阳系的一个行星，大概在47亿年前就形成了，当时地球上是没有生命的，大地、海洋、天空，一片荒芜，浓烟滚滚，浊浪排空，弥漫着二氧化碳、甲烷、氨、氢等。经过若干亿年演变，海水慢慢地冷却下来，并出现了结构简单的微生物——低等植物单细胞藻类，其体内含有一种特殊物质，能在阳光下吞碳吐氧，使水和二氧化碳结合生成有机物，于是地球上的大气成分就发生了根本变化，海水渐渐覆上了绿色，生命就从此开始了。地球上自从有了绿色植物，才诞生了

动物，进化到人类。人类诞生之后，以林为家，我们的祖先，采树木之实，钻木取火，构木为巢，木制成舟，遮林果腹，医伤治病……这样生生不息，在森林里度过了一百多万年的漫长岁月。钻木获取了人类文明的火种，如图6-8所示。

图6-8　钻木获取了人类文明的火种

今天，社会已进入科学发达的原子和信息时代，但人们的衣食住行及生活用品仍然离不开森林。有森林有丛林，才有家的感觉，才有安全的感觉，才有蓝天碧水，才有绿叶红花，才有清洁的空气，才有温馨的环境，才有春天的恋歌。宁静、温馨的森林总是让生活在都市中的现代人感怀和向往，是人们永恒的精神家园。人们向往着在树下游戏、交流，因为树的荫凉而转换了对酷热天气的感受，借助树叶体验从稚嫩到浓厚的变化，捕捉了生命在季节轮回中的微妙图景——那些时时唤起人类对生命的敬畏和感动。森林树木的随便一个品种，随便一种风姿，都给他们以温婉曼妙的遐想，或者宁静辽远的旷达。再肮脏的地方，只要树往那里一"站"，那里一下子就有了"品格"。树木是天地间唯一的"君

子"，在荒凉的世界里，远远地望见一棵树，就像望见亲人，人们便有了回家的感觉。人的脑后没有眼睛，但是你若倚树而立，也就不必担心野兽和暗枪了。树不仅有书的柔韧，而且散发出剑的威仪。

在遥远的古代，当人类开始进化的时候，借了树林的庇佑，才得以繁衍至今，繁衍了很多很多，却还是渺小的，像树间的一些标点符号。生命，无非是"一呼一吸之间"，这一呼一吸，都是树的恩赐。

八、关爱森林——全人类共同的职责

因毁绿而自毁家园的历史与现实悲剧比比皆是。美索不达米亚平原在古代曾孕育出灿烂的巴比伦文化，催生出盛极一时的文明成就，神话中的伊甸园就是这块美丽沃土的真实写照，但终因居住在幼发拉底河和底格里斯河流域的先民滥伐树木、毁尽绿地而沦为荒芜的不毛之地，巴比伦文明失去了滋润它的乳汁，土地裸露，雨水减少，气候干燥，风沙增大，水土流失，沙丘在狂风的推动下将富丽的花园、皇宫、街道、城墙统统掩埋了。曾孕育过中华古文明的母亲河——黄河，也已面目皆非，秦汉时的绿色高原森林起伏，绿荫葱茏，其覆盖率达 60%～70%。现在的黄土高原，植被稀少，满目枯黄，一俟雨季，千山万水壑浊流滚滚而下，给每一个炎黄子孙敲响了警钟。近几十年来，长江水变黄，亚马孙河热带雨林减少，我国西双版纳乱砍滥伐，正在毁坏昔日昌盛的家园。近几年世界范围内水涝、干旱、冰雹接连不断，给各国的经济发展造成了巨大的损失。不少有识之士都郑重告诉世人：我们并没有继承祖先的森林，而是向子孙后代借来的森林，森林是人类未来希望之所在，我们必须保护好它。

毁尽森林人类将自取灭亡。现在人们已经清楚地看到木材仅为森林效益的极小一部分。毁尽森林，人类将遭受水源危机，地球上的耕地不久亦将变成不毛之地。失去森林，人类会因空气中二氧化碳浓度的猛增而窒息，地球亦将变得暗无天日。离开森林，地表将变成一片沙漠，地球上绝大部分物种将会灭绝，世界也就失去了最有意义的社会和经济活动。森林是地球上人类及其他生物的生命线，森林既关系到全人类的生存问题，又关系到全人类的吃饭问题，应该把它摆在真正的首位。世界范围内的社会、经济的持续稳定和发展离不开森林，而森林的永续利用已不再是简单的木材或防护效益的永续利用，而应是森林综合功能全方位的永续利用。能够通过光合作用固定太阳能，从而供养整个地球生命系统的森林植物，是真正的普罗米修斯，他盗取"天火"带到人间，孕育、催生、哺育了人类文明，地球上不能没有森林，人类离不开森林，它是地球生物圈的灵魂。保护、发展森林是人类每一个成员的神圣职责。保护与破坏的结果咫尺天涯，如图6-9所示。

图6-9　保护与破坏的结果咫尺天涯

在现有科学水平下，人类无法大规模地干预和改变海洋与大气，因此只能拯救陆地。我们播种绿色，希望绿色可以再一次带给地球与人类崭新的生命轨迹。在我国，退耕还林还草、天然林保护等几大工程相继实施，自然保护区、湿地建设不断发展，牢固构筑的绿色屏障保障了动物的繁衍生息，保护了人类的幸福健康。

正如2014年世界地球日主题所言，"珍惜地球资源转变发展方式——节约集约利用国土资源共同保护自然生态空间"。这个活动主题也再一次切合了党的十八大关于生态文明建设的高度论，我们只有深刻了解森林，才能通过森林保障发展。

常言说得好，人无远虑，必有近忧，居安思危，要防患于未然。我们怎么能够等到头上见不到日月星辰，满目酸雨纷纷，脚下洪浪滔天，汪洋恣肆，人间无处不飞沙，等到"千山鸟飞绝，万径人踪灭"时，才悔不当初呢?让我们赶快行动起来，保卫绿色，保护我们共有的家园吧!

生态农庄

　　生态农庄是以绿色、生态、环保为目标，集农业生产深加工与观光旅游为一体的规模集约化新型农庄。生态农庄把农业旅游作为开发出路，是将生产、生活及生态结合为一体的旅游方式，是一个新兴产业。

一、认一认停僮葱翠的树木

1. 水杉

1) 树种简介

水杉（见图7-1）为湖北省省树，武汉市市树，世界上珍稀的孑遗植物，为稀有树种。在中生代白垩纪，地球上已出现水杉类植物。约发展到250万年前的冰期以后，这类植物几乎绝迹，仅存水杉一种。1948年，中国的植物学家在湖北省利川市谋道镇发现了幸存的水杉巨树，树龄有400余年。树分布于湖北、重庆、湖南交界的利川、石柱、龙山三地的局部地区，垂直分布一般为海拔750～1000米。全国许多地区都已引种，尤以东南各省和华中各地栽培最多。目前水杉已广泛应用于城镇绿化中。

图7-1 水杉

2) 形态特征

落叶乔木，高达41.5米，胸径达2.4米；树皮灰褐色或深灰色，裂成条片状脱落，内皮淡紫褐色；叶羽状，扁平条形，柔软，几乎无柄。果蓝色，可食用。

3) 生活习性

喜光，不耐贫瘠和干旱，能净化空气，生长缓慢，移栽容易成活，适应温度为 -8℃～24℃，多生于山谷或山麓附近地势平缓、土层深厚、湿润或稍有积水的地方，耐寒性强，耐水湿能力强，在轻盐碱地可以生长，为喜光性树种，根系发达，生长快慢常受土壤水分的影响，在长期积水排水不良的地方生长缓慢，树干基部通常膨大、有纵棱。

4) 主要用途

水杉边材白色，心材褐红色，材质轻软，纹理直，结构稍粗，早晚材硬度区别大，不耐水湿，可供建筑、板料、造纸、制器具、造模型及室内装饰。

　　水杉是"活化石"树种，是秋叶观赏树种。在园林中可用于堤岸、湖滨、池畔、庭院等绿化，可盆栽，可成片栽植营造风景林，并适配常绿地被植物，可栽于建筑物前或用作行道树。水杉对二氧化硫有一定的抵抗能力，是工矿区绿化的优良树种。

2. 银杏

1）树种简介

图7-2　银杏

　　银杏（见图7-2）为中生代孑遗的稀有树种，系中国特产，仅浙江天目山有野生状态的树种。银杏树又名白果树，生长较慢，寿命极长，自然条件下从栽种到结银杏果要20多年，40年后才能大量结果，因此别名"公孙树"，有"公种而孙得食"的含义，是树中的"寿星"，古称"白果"。银杏树具有观赏，经济，药用价值。银杏树是第四纪冰川运动后遗留下来的最古老的裸子植物，是世界上十分珍贵的树种之一，因此被当作植物界中的"活化石"。银杏分布大都属于人工栽培区域，主要大量栽培于中国、法国和美国南卡罗莱纳州。国外的银杏都是直接或间接从中国传入的。湖北省安陆市有著名的安陆古银杏国家公园，园内景色优美，古银杏参天连片，是目前中国现有两大自然状态古银杏群落之一，是中原地区罕见天然古银杏群落。

2）形态特征

　　银杏树为裸子植物中唯一的中型宽叶落叶乔木，可以长到40米高，胸径可达4米，有较为消瘦的树冠，枝杈不规则。叶子是扇形，秋季变成金黄色。银杏的种子称为白果，含有很多丁酸，闻起来像腐败的奶油。

3）生活习性

　　银杏为阳性树，喜适当湿润而排水良好的深厚壤土，适于生长在水热条件比较优越的亚热带季风区。在酸性土（pH4.5）、石灰性土（pH8.0）中均可生长良好，而以中性或微酸土最适宜。银杏不耐积水之地，较能耐旱，但在过于干燥处及多石山坡或低湿之地生长不良。初期生长较慢，蒙蘖性强。雌株一般20年开始结实，500年生的大树仍能正常结实。一般3月下旬至4月上旬萌动展叶，4月上旬至中旬开花，9月下旬至10月上旬种子成熟，10月下旬至11月落叶。

4）主要用途

银杏用途广泛，其果实有很高的食用价值，但具有一定的毒性，应少食，熟食。银杏树干通直，木材是制乐器、家具的高级材料。

银杏树高大挺拔，叶似扇形。冠大荫状，具有降温作用。叶形古雅，寿命绵长。无病虫害，不污染环境，树干光洁，适应性强，对气候土壤要求都不很高。银杏抗烟尘、抗火灾、抗有毒气体，是理想的园林绿化、行道树种。

3. 乌桕

1）树种简介

图7-3　乌桕

乌桕（见图7-3）是大戟科乌桕属落叶乔木，应用于园林中，集观形、观色叶、观果于一体，具有极高的观赏价值。种子黑色含油，圆球形，外被白色蜡质假种皮，可制油漆，假种皮为制蜡烛和肥皂的原料，经济价值极高。乌桕是一种彩叶树种。春秋季叶色红艳夺目，不下丹枫，为中国特有的经济树种。乌桕主要分布于中国黄河以南各省区，北达陕西、甘肃。日本、越南、印度也有该树种。乌桕是湖北省大悟县的县树，该县乌桕种植历史悠久，全县有300多万株，居全国之首。乌桕已成为该县农村经济发展的主要树种之一。

2）形态特征

落叶乔木，高可达15米，树皮暗灰色，有纵裂纹；枝广展，具皮孔。叶片菱形，种子扁球形，黑色，外被白色、蜡质的假种皮。

3）生活习性

喜光，不耐荫，喜温暖环境，不甚耐寒，适生于深厚肥沃、含水丰富的土壤，对酸性、钙质土、盐碱土均能适应，主根发达，抗风力强，耐水湿，寿命较长，能耐短期积水，亦耐旱。

4）主要用途

乌桕根皮、树皮、叶可入药。根皮及树皮四季可采，切片晒干后可用；叶多鲜用。乌桕是我国南方重要的工业油料树种，乌桕所产的皮油和梓油，都是工业所需所紧俏物质。乌桕树冠整齐，叶形秀丽，秋叶经霜时如火如荼，十分美观，有"乌桕赤于枫，园林二月中"之赞名。乌桕可孤植、丛植于草坪和湖畔、池边，在园林绿化中可栽作护堤树、庭荫树及行道树。

4. 樟树

1）树种简介

樟树（见图7-4）为亚热带常绿阔叶林的代表树种，为亚热带地区（西南地区）重要的材用和特种经济树种。因全株散发樟树的特有清香气息，故在民间多称其为香樟。

图7-4 樟树

樟树广布于中国长江以南各地，以我国台湾省为最多，原产中国南部各省。越南、日本等地亦有分布。樟树亦是湖北省鄂州市、黄石市的市树。

2）形态特征

樟树是属于樟科的常绿性乔木，可高达50米，树龄成百上千年，可成为参天古木，为优秀的园林绿化林木。树皮幼时绿色、平滑，老时渐变为黄褐色或灰褐色纵裂。花黄绿色，春天开，又小又多。球形的小果实成熟后为黑紫色，直径约零点五厘米，花期4—5月，果期8—11月。

3）生活习性

樟树喜光，稍耐荫，喜温暖湿润气候，耐寒性不强，对土壤要求不严，较耐水湿，但当移植时要注意保持土壤湿度，水涝容易导致烂根缺氧而死，但不耐干旱、瘠薄和盐碱土，主根发达，深根性，能抗风，萌芽力强，耐修剪，生长速度中等，树形巨大如伞。

4）主要用途

樟树是我国的特产树种，其根、茎、枝、叶都含有樟脑和樟油。加工樟脑和樟油是农村致富门路之一，主要通过蒸馏取得。其材质优，抗虫害、耐水湿，可供建筑、造船、家具、箱柜、板料、雕刻等用。该树种枝叶茂密，冠大荫浓，树姿雄伟，能吸烟滞尘、涵养水源、固土防沙和美化环境，是城市绿化的优良树种，广泛作为庭荫树、行道树、防护林及风景林。

图 7-5　荷花玉兰

5.　荷花玉兰

1）树种简介

荷花玉兰（见图 7-5）别名广玉兰，常绿乔木，在原产地高达 30 米。其原产北美洲东南部，中国长江流域以南各城市有栽培。荷花玉兰是湖北省荆州市市树。

2）形态特征

常绿乔木，在原产地高达 30 米，树皮淡褐色或灰色，薄鳞片状开裂；叶厚革质，椭圆形，叶面深绿色，有光泽，叶背覆铁锈短毛；花大，白色，有芳香；果实呈圆柱状长圆形或卵圆形。其花期 5—6 月，果期 9—10 月。

3）生活习性

弱阳性，喜温暖湿润气候，抗污染，不耐碱土，幼苗期颇耐阴，喜温暖、湿润气候，较耐寒，能经受短期的 -19° 低温。在肥沃、深厚、湿润而排水良好的酸性或中性土壤中生长良好。根系发达，颇能抗风。该树种病虫害少，生长速度中等，实生苗生长缓慢，10 年后生长逐渐加快。

4）主要用途

荷花玉兰可做园景、行道树、庭荫树。荷花玉兰树姿雄伟壮丽，叶大荫浓，花似荷花，芳香馥郁，为美丽的园林绿化观赏树种，宜孤植、丛植或成排种植。

荷花玉兰还能耐烟抗风，对二氧化硫等有毒气体有较强的抗性，故又是净化空气、保护环境的好树种。

6. 栾树

1）树种简介

栾树（见图7-6）是一种乔木，生长于石灰石风化产生的钙基土壤中，不耐寒，在中国只分布在黄河流域和长江流域下游，在海河

图7-6 栾树

流域以北很少见，也不能生长在硅基酸性的红土地区。栾树春季发芽较晚，秋季落叶早，因此每年的生长期较短，生长缓慢，树形扭曲美观，不太成材，木材只能用于制造一些小家具，种子可以榨制工业用油。但栾树是一种良好的绿化用树，多分布在海拔1500米以下的低山及平原地区，最高可达海拔2600米。

2）形态特征

落叶乔木，高达20米左右，树冠近圆球形，树皮灰褐色，细纵裂；奇数羽状复叶，有时部分小叶深裂而为不完全的二回羽状复叶。花小金黄色，蒴果三角状卵形，顶端尖，红褐色或橘红色。花期6—9月，果期9—10月。

3）生活习性

栾树是一种喜光，稍耐半阴的植物，耐寒，但是不耐水淹、不耐干旱和瘠薄，对环境的适应性强，喜欢生长于石灰质土壤中，耐盐渍及短期水涝。栾树具有深根性，萌蘖力强，生长速度中等，幼树生长较慢，以后渐快，有较强抗烟尘能力。抗风能力较强，可抗零下25℃低温，对粉尘、二氧化硫和臭氧均有较强的抗性，多分布在海拔1500米以下的低山及平原地，最高可达海拔2600米。

4）主要用途

栾树为落叶乔木，树形端正，枝叶茂密而秀丽，春季嫩叶多为红叶，夏季黄花满树，入秋叶色变黄，果实紫红，形似灯笼，十分美丽。栾树适应性强、季相明显，是理想的绿化，观叶树种，宜做庭荫树、行道树及园景树，

栾树也是工业污染区配植的好树种。

7. 女贞

1) 树种简介

女贞（见图7-7）别名大叶女贞，常绿灌木或乔木，湖北省襄阳市市树。原产于中国，广泛分布于长江流域及以南地区，华北、西北地区也有栽培。女贞树的名字来源一说是《神农本草经》中"此木凌冬青翠，有贞守之操，故以贞女状之"。故名女贞树。

图7-7　女贞

2) 形态特征

常绿乔木，可高达25米，树冠卵形。树皮灰绿色，平滑不开裂。枝条开展，光滑无毛。单叶对生，卵形或卵状披针形，先端渐尖，基部楔形或近圆形，全缘，表面深绿色，有光泽，无毛，叶背浅绿色，革质。6—7月开花，花白色，圆锥花序顶生。浆果状核果近肾形，10—11月果熟，熟时深蓝色。

3) 生活习性

女贞耐寒性好，耐水湿，喜温暖湿润气候，喜光耐荫。为深根性树种，须根发达，生长快，萌芽力强，耐修剪，但不耐瘠薄。对大气污染的抗性较强，对二氧化硫、氯气、氟化氢及铅蒸气均有较强抗性，也能忍受较高的粉尘、烟尘污染。

4) 主要用途

女贞果实药用，采收成熟果实晒干或置热水中烫过后晒干，中药称为女贞子。

女贞四季婆娑，枝干扶疏，枝叶茂密，树形整齐，是园林中常用的观赏树种，可于庭院孤植或丛植，亦作为行道树。因其适应性强，生长快又耐修剪，也用作绿篱。一般经过3～4年即可成形，达到隔离效果。其播种繁殖育苗容易，还可作为砧木，嫁接繁殖桂花、丁香等。

8. 枫杨

1) 树种简介

枫杨（见图 7-8）为落叶乔木，
高达 30 米，胸径达 1 米，叶多为偶数
或稀奇数羽状复叶。枫杨树冠宽广，
枝叶茂密，生长迅速，是常见的庭荫
树和防护树种。树皮还有祛风止痛，
杀虫，敛疮等功效。

2) 形态特征

图 7-8 枫杨

幼树树皮平滑，浅灰色，老时则深纵裂；叶多为偶数或稀奇数羽状复
叶，长 8~16 厘米（稀达 25 厘米），叶柄长 2~5 厘米，果序长 20~45 厘米，
果序轴常被有宿存的毛。果实长椭圆形，长 6~7 毫米，基部常有宿存的星芒
状毛；果翅狭，条形或阔条形，长 12~20 毫米，宽 3~6 毫米，具近于平行的
脉。花期 4—5 月，果熟期 8—9 月。

3) 生活习性

喜深厚肥沃湿润的土壤，以温度不太低，雨量比较多的暖温带和亚热带
气候较为适宜。喜光树种，不耐庇荫。耐湿性强，但不耐长期积水和水位太
高之地。深根性树种，主根明显，侧根发达。萌芽力很强，生长很快。对有
害气体二氧化硫及氯气的抗性弱。受害后叶片迅速由绿色变为红褐色至紫褐
色，易脱落。

4) 主要用途

枫杨树冠广展，生长快速，根系发达，为河床两岸低洼湿地的良好绿化
树种，还可防治水土流失。枫杨既可以作为行道树，又可成片种植或孤植于
草坪及坡地，均可形成一定景观。

9. 桂花

1) 树种简介

桂花（见图 7-9）为常绿阔叶乔木，湖北省咸宁市市树。咸宁市有"中
国桂花之乡"的称呼。桂花原产中国西南部、现有全国各地广泛栽培。桂花
树经过长时间的自然生长和人工培育的干扰，已经演化出很多的桂花树品
种，目前大致将桂花树分为四个品种群，即丹桂、金桂、银桂和四季桂群。

图 7-9　桂花

其中丹桂、金桂和银桂都是秋季开花又可以统称为八月桂。

2）形态特征

常绿乔木或灌木，高 3~5 米，最高可达 18 米，树皮灰褐色。叶片革质，椭圆形、长椭圆形，花极芳香，花冠黄白色、淡黄色、黄色或橘红色，长 3~4 毫米；果歪斜，椭圆形，长 1~1.5 厘米，呈紫黑色。花期 9—10 月上旬，果期翌年 3 月。

3）生活习性

桂花树对土壤的要求不严，除碱性土、低洼地和过于黏重排水不畅的土壤，一般均可生长。但以土层深厚、疏松肥沃、排水良好的微酸性砂质壤土更加适宜。最适生长气温 15~28℃，能耐最低气温零下 10℃。

4）主要用途

桂花终年常绿，枝繁叶茂，秋季开花，在园林中应用普遍，常作园景树，有孤植、对植，也有成丛成林栽种。在我国古典园林中，桂花常与建筑物、山、石机配，以丛生灌木型的植株植于亭、台、楼、阁附近。旧式庭园常用对植，古称"双桂当庭"或"双桂留芳"。

桂花对有害气体二氧化硫、氟化氢有一定的抗性，也是工矿区的一种绿化的好花木。

10. 对节白蜡

1）树种简介

对节白蜡（见图 7-10）又名湖北梣、湖北白蜡，木樨科、梣属落叶大乔木，中国特有种，原产于湖北，主产湖北省大洪山余脉京山县与钟祥市交汇处，以京山县为主，钟祥有少量，海拔 130~500 米处，被载入《中国植物红皮书》。对节白蜡生长缓慢，寿命长，

图 7-10　对节白蜡

树形优美，盘根错节，是园林、盆景、根雕家族中的极品，被誉为"活化石"和"盆景之王"。

2）形态特征

落叶大乔木，高达 19 米，胸径达 1.5 米，树皮深灰色，老时纵裂；营养枝常呈棘刺状。羽状复叶长 7~15 厘米；叶缘具锐锯齿，上面无毛，花杂性，密集簇生于前一年生枝上，呈甚短的聚伞圆锥花序，长约 1.5 厘米；两性花花萼钟状，花药长 1.5~2 毫米，花丝较长，长 5.5~6 毫米，雌蕊具长花柱，柱头 2 裂。翅果匙形，长 4~5 厘米，宽 5~8 毫米，中上部最宽，先端急尖。花期 2—3 月，果期 9 月。

3）生活习性

对节白蜡喜光，也稍耐荫，喜温和湿润的气候和土层。对节白蜡枝叶浓密，叶形细小秀丽，且病虫害少，萌芽力极强，适应性强，在极端最低气温 −20.3℃，最高气温 42.3℃下均无不良反应，且易于造型加工。

4）主要用途

该种树干挺直，材质优良，单株材积可达 10 余立方米，是很好的材用树种，极罕见，应注意保护母树，繁育推广。

树枝茂密，绿荫盖地，庄重典雅，净化空气，是公园、风景区、城区街道、行政机关、企业、院校和住宅小区最理想的绿化、美化、净化树种，也可制作盆景或用为绿篱。其材质优良，是珍贵的用材树种。

二、赏一赏千娇百媚的花卉

1. 梅花

1）品种简介

梅花（见图 7-11）是湖北省省花，武汉市市花，也是全国多地区的市花、县花。梅花是我国特产，我国是梅花的世界野生分布中心，也是梅花的世界栽培中心，原产于我国四川、湖北、广西等省、区，早春开花。我国各地均有栽培，但以长江流域以南各省最多，江苏北部和河南南部也有少数品种，某些品种已在华北引种成功。日本和朝鲜也有。

梅原无论作观赏或果树均有许多品种。许多类型不但露地栽培供观赏，还可以栽为盆花，制作梅桩，与兰、竹、菊并称为"四君子"。还与松、竹并称为"岁寒三友"。梅以它的高洁、坚强、谦虚的品格，给人以立志奋发的激励。在严

图7-11　梅花

寒中，梅开百花之先，独天下而春。

2）形态特征

小乔木，稀灌木，高4~10米；树皮浅灰色或带绿色，平滑；小枝绿色，光滑无毛。叶片卵形或椭圆形，叶边常具小锐锯齿，花香味浓，先于叶开放；花瓣倒卵形，白色至粉红色；果实近球形，直径2~3厘米，味酸；果肉与核粘贴；花期冬春季，果期5—6月，在华北果期延至7—8月。

3）生活习性

梅喜温暖气候，耐寒性不强，较耐干旱，不耐涝，寿命长，可达千年；花期对气候变化特别敏感，梅喜空气湿度较大，但花期忌暴雨。

4）主要价值

梅原产我国，已有3000多年的栽培历史，无论作观赏或果树均有许多品种。许多类型不但露地栽培供观赏，还可以栽为盆花，制作梅桩。鲜花可提取香精，花、叶、根和种仁均可入药。果实可食、盐渍或干制，或熏制成乌梅入药，有止咳、止泻、生津、止渴之效。梅又能抗根线虫危害，可作核果类果树的砧木。

2. 紫薇

1）品种简介

紫薇（见图7-12），别名入惊儿树、百日红、满堂红、痒痒树，为千屈菜科紫薇属双子叶植物，产于亚洲南部及澳洲北部。中国华东、华中、华南及西南均有分布，各地普遍栽培。紫薇树姿优美，树干光滑洁净，花色艳丽；开花时正当夏秋少花季节，花期极长，由6月可开至9月，故有"百日

红"之称，又有"盛夏绿遮眼，此花红满堂"的赞语，是既可观花，又可观干，还可观根的盆景良材。紫薇是湖北省襄阳市市花。

图 7-12 紫薇

2）形态特征

落叶灌木或小乔木，高可达 7 米；树皮平滑，灰色或灰褐色；枝干多扭曲。叶纸质，无毛或下面沿中脉有微柔毛；花淡红色、紫色或白色，直径 3~4 厘米，常组成 7~20 厘米的顶生圆锥花序。花期 6—9 月，果期 9—12 月。

3）生活习性

紫薇其喜暖湿气候，喜光，喜肥，尤喜深厚肥沃的砂质壤土，好生于略有湿气之地，亦耐干旱，忌涝，忌种在地下水位高的低湿地方，性喜温暖，而能抗寒，萌蘖性强。紫薇还具有较强的抗污染能力，对二氧化硫、氟化氢及氯气的抗性较强。

4）主要价值

紫薇的木材坚硬、耐腐，可作农具、家具、建筑等用材；树皮、叶及花为强泻剂；根和树皮煎剂可治咯血、吐血、便血。

紫薇作为优秀的观花乔木，在园林绿化中，被广泛用于公园绿化、庭院绿化、道路绿化、街区城市等，在实际应用中可栽植于建筑物前、院落内、池畔、河边、草坪旁及公园中小径两旁均很相宜。也是做盆景的好材料。

3. 桃花

1）品种简介

桃花（见图 7-13）是一种果实作为水果的落叶小乔木，花可以观赏，果实多汁，可以生食或制桃脯、罐头等，核仁也可以食

图 7-13 桃花

用。果肉有白色和黄色的，桃有多种品种，一般果皮有毛，"油桃"的果皮光滑；"蟠桃"果实是扁盘状；"碧桃"是观赏花用桃树，有多种形式的花瓣。桃花是湖北省仙桃市市花。

桃花原产中国，各省区广泛栽培。世界各地均有栽植。

2）形态特征

桃是一种乔木，高 3~8 米；树冠宽广而平展；树皮暗红褐色，花先于叶开放，粉红色，罕为白色；果实形状和大小均有变异，卵形、宽椭圆形或扁圆形，花期 3—4 月，果实成熟期因品种而异，通常为 8—9 月。

3）生活习性

桃性喜光，要求通风良好；喜排水良好，耐旱；畏涝，如受涝 3~5 日，轻则落叶，重则死亡。耐寒，华东、华北一般可露地越冬。

4）主要价值

桃花可制成桃花丸、桃花茶等食品。其具有很高的观赏价值，是文学创作的常用素材。此外，桃花中元素有疏通经络、滋润皮肤的药用价值。

图 7-14　石榴

4. 石榴

1）品种简介

石榴（见图 7-14）为落叶乔木或灌木，花多红色，也有白色和黄、粉红、玛瑙等色。中国南北都有栽培，以江苏、河南等地种植面积较大，并培育出一些较优质的品种。中国传统文化视石榴为吉祥物，视它为多子多福的象征。石榴花是湖北省黄石市、荆门市市花。

2）形态特征

石榴是落叶灌木或小乔木，在热带是常绿树。树高可达 5~7 米，一般 3~4 米，但矮生石榴仅高约 1 米或更矮。树干呈灰褐色，上有瘤状突起，干多向左方扭转。花多红色，也有白色和黄、粉红、玛瑙等色。

果成熟后变成大型而多室、多子的浆果，多汁，甜而带酸。石榴分花石榴和果石榴，果石榴花期5—6月，榴花似火，果期9—10月。

3）生活习性

石榴喜温暖向阳的环境，耐旱、耐寒，也耐瘠薄，不耐涝和荫蔽。对土壤要求不严，但以排水良好的夹沙土栽培为宜。

4）主要用途

树姿优美，枝叶秀丽，初春嫩叶抽绿，婀娜多姿；盛夏繁花似锦，色彩鲜艳；秋季累果悬挂，或孤植或丛植于庭院，游园之角，对植于门庭之出处，列植于小道、溪旁、坡地、建筑物之旁，也宜做成各种桩景和供瓶插花观赏。

5. 蜡梅

1）品种简介

蜡梅（见图7-15）为落叶灌木，常丛生，花先叶开放，一船为黄色，芳香，直径2~4厘米。蜡梅在百花凋零的隆冬绽蕾，斗寒傲霜，表现了中华民族在强暴面前永不屈服的性格，给人以精神的启迪，美的享受。它

图7-15 蜡梅

利于庭院栽植，又适作古桩盆景和插花与造型艺术，是冬季赏花的理想名贵花木。野生于山东、湖北、河南、陕西、云南等省，广西、广东等省区均有栽培。蜡梅是湖北省宜昌市市花。

2）形态特征

落叶灌木，高达4米；花先叶开放，一般为黄色，芳香，直径2~4厘米。果托近木质化，坛状或倒卵状椭圆形，花期11月至翌年3月，果期4—11月。

3）生活习性

蜡梅性喜阳光，能耐荫、耐寒、耐旱，忌渍水，易生长于土层深厚、肥沃、疏松、排水良好的微酸性沙质土壤里，在盐碱地上生长不良。它耐旱性较强，怕涝，不宜在低洼地栽培。

4）主要用途

蜡梅利于庭院栽植，又适作古桩盆景和插花与造型艺术，是冬季赏花的

理想名贵花木。它更广泛地应用于城乡园林建设。

蜡梅不仅是观赏花木，而且其花含有芳樟醇、龙脑、桉叶素、蒎烯、倍半萜醇等多种芳香物，是制高级花茶的香花之一。

图 7-16　杜鹃花

6. 杜鹃花

1）品种简介

杜鹃花（见图 7-16）又称山踯躅、山石榴、映山红，系杜鹃花科落叶灌木，落叶灌木。全世界的杜鹃花约有 900 种。中国是杜鹃花分布最多的国家，有 530 余种，杜鹃花种类繁多，花色绚丽，花、叶兼美，地栽、盆栽皆宜，是中国十大传统名花之一。湖北省麻城市古杜鹃总面积达 100 多万亩，其中龟峰山风景区连片面积达 10 万多亩，生长周期百万年以上，现存树龄均在 200 年以上。2008 年 4 月成功举办首届杜鹃文化旅游节，之后每两年举办一次。

2）形态特征

落叶灌木，高 2~5 米；花冠阔漏斗形，玫瑰色、鲜红色或暗红色。花期 4—5 月，果期 6—8 月。杜鹃经过人们多年的培育，已有大量的栽培品种出现，花的色彩更多，花的形状也多种多样，有单瓣及重瓣的品种。

3）生活习性

杜鹃生于海拔 500~2500 米的山地疏灌丛或松林下，喜欢酸性土壤，在钙质土中生长得不好，甚至不生长。杜鹃性喜凉爽、湿润、通风的半阴环境，既怕酷热又怕严寒。夏季要防晒遮阴，冬季应注意保暖防寒。忌烈日暴晒，适宜在光照强度不大的散射光下生长，光照过强，嫩叶易被灼伤，新叶老叶焦边，严重时会导致植株死亡。冬季，露地栽培杜鹃要采取措施进行防寒，以保其安全越冬。

4）主要用途

杜鹃繁叶茂，绮丽多姿，萌发力强，耐修剪，根桩奇特，是优良的盆景材料。杜鹃也是花篱的良好材料，毛鹃还可经修剪培育成各种形态。

杜鹃有的叶花可入药或提取芳香油，有的花可食用，树皮和叶可提制

烤胶，木材可做工艺品等。高山
杜鹃根系发达，是很好的水土保
持植物。

7. 宜昌百合

1）品种简介

宜昌百合（见图 7-17）为多
年生草本花卉，以宜昌地域命名
的乡土花种，是宜昌市市花，主
要分布于湖北和四川，叶片青翠

图 7-17　宜昌百合

娟秀，花姿雅致，香味浓郁，既可地栽配景，也可盆栽观赏，宜昌百合可制
作切花，是人们喜爱的名贵花卉之一，适于广泛种植。

2）形态特征

鳞茎近球形，高 3.5~4 厘米，直径约 3 厘米；茎高 60~150 厘米，
花喇叭形，有微香，白色，里面淡黄色，背脊及近脊处淡绿黄色，长
12~15 厘米，花期 6—7 月。

3）生活习性

宜昌百合生于山沟、河边草丛中，海拔 450~1500 米。

4）主要用途

宜昌百合既可地栽配景，也可盆栽观赏，还可制作切花，是人们喜爱的
名贵花卉之一，适于广泛种植。

图 7-18　栀子花

8. 栀子花

1）品种简介

栀子花（见图 7-18）为
常绿灌木，原产于中国。栀
子花枝叶繁茂，叶色四季常
绿，花芳香素雅，为重要的
庭院观赏植物。除观赏外，
其花、果实、叶和根可入药，
有泻火除烦，清热利尿，凉
血解毒之功效。其花语是

"永恒的爱，一生守候和喜悦"。栀子花是湖北省潜江市市花。

2）形态特征

栀子花为茜草目、茜草科、栀子属的常绿灌木，高 0.3~3 米；小枝绿色，叶对生，革质呈长椭圆形，有光泽。花芳香，通常单朵生于枝顶，花冠白色或乳黄色，花期 3—7 月，果期 5 月至翌年 2 月。

3）生活习性

栀子花喜温暖、湿润、光照充足且通风良好的环境。但忌强光暴晒，适宜在稍庇荫处生活，耐半阴，怕积水，较耐寒，在东北、华北、西北只能作温室盆栽花卉。

4）主要用途

它适用于阶前、池畔和路旁配置，也可作篱和盆栽观赏，花还可作插花和佩戴装饰。栀子花、叶、果皆美，花芳香四溢，可以用来熏茶和提取香料；果实可制黄色染料；根、叶、果实均可入药；栀子木材坚实细密，可供雕刻。

图 7-19　月季

9. 月季

1）品种简介

月季（见图 7-19）被称为花中皇后，又称"月月红"，是常绿、半常绿低矮灌木，四季开花，一般为红色或粉色，偶有白色和黄色，可作为观赏植物，也可作为药用植物，亦称月季

有三个自然变种，现代月季花型多样，有单瓣和重瓣，还有高心卷边等优美花型；其色彩艳丽、丰富，不仅有红、粉黄、白等单色，而且有混色、银边等品种；多数品种有芳香。月季的品种繁多，世界上已有近万种，中国也有千种以上。中国有 52 个城市的市花是月季，湖北省恩施市是其中之一。

2）形态特征

月季花是直立灌木，高 1~2 米；小枝粗壮，圆柱形，近无毛，有短粗的钩状皮刺。花几朵集生，稀单生花瓣重瓣至半重瓣，红色、粉红色至白色。花期

4—9 月，果期 6—11 月。

3) 生活习性

月季对气候、土壤要求虽不严格，但以疏松、肥沃、富含有机质、微酸性、排水良好的土壤较为适宜。性喜温暖、日照充足、空气流通的环境。大多数品种最适温度白天为 15~26℃，晚上为 10~15℃。冬季气温低于 5℃即进入休眠。有的品种能耐 −15℃的低温和耐 35℃的高温；夏季温度持续30℃以上时，即进入半休眠，植株生长不良，虽也能孕蕾，但花小瓣少，色暗淡而无光泽，失去观赏价值。

4) 主要用途

月季在园林绿化中，有着不可或缺的价值，是使用很多的一种花卉。月季是春季主要的观赏花卉，其花期长，观赏价值高，价格低廉，受到各地园林的喜爱，可用于园林布置花坛、花境、庭院花材，可制作月季盆景，做切花、花篮、花束等。

花可提取香料，根、叶、花均可入药，具有活血消肿、消炎解毒功效。而且是一味妇科良药。中医认为，月季味甘、性温，入肝经，有活血调经、消肿解毒之功效。

10. 兰花

1) 品种简介

兰花（见图 7-20）附生或地生草本，颜色有白、纯白、白绿、黄绿、淡黄、淡黄褐、黄、红、青、紫。

中国传统名花中的兰花仅指分布在中国兰属植物中的若干种地生兰，如春兰、惠兰、建兰、墨兰和寒兰等，即通常所指的"中国兰"。这一类兰花与花大色艳的热带兰花大不相同，没有醒目的艳态，没有硕大的花、叶，却具有质朴文静、淡雅高洁的气质，很符合东方人的审美标准。在中国有一千余年的栽培历史。

图 7-20　兰花

中国人历来把兰花看作是高洁典雅的象征，并与"梅、竹、菊"并列，合称"四君子"。通常以"兰章"喻诗文之美，以"兰交"喻友谊之真。也有借兰来表达纯洁的爱情，"气如兰兮长不改，心若兰兮终不移""寻得幽兰报知己，一枝聊赠梦潇湘"。1985年5月兰花被评为中国十大名花之四。兰花是中国很多城市的市花，湖北随州市的市花便是兰花。

2）形态特征

附生或地生草本，罕有腐生，通常具假鳞茎；假鳞茎卵球形、椭圆形或梭形，较少不存在或延长成茎状，通常包藏于叶基部的鞘之内。花较大或中等大，通常见到的花由花梗、花托、花萼、花冠、雌蕊群和雄蕊群等几部分组成。

3）生活习性

兰花喜阴，怕阳光直射；喜湿润，忌干燥；喜肥沃、富含大量腐殖质；适宜空气流通的环境。

4）主要用途

兰花是一种风格独异的花卉，它的观赏价值很高。兰花的花色淡雅，其中以嫩绿、黄绿的居多，但尤以素心者为名贵。兰花的香气，清而不浊，一盆在室，芳香四溢。

兰花的花姿有的端庄隽秀，有的雍容华贵、富于变化。兰花的叶终年鲜绿，刚柔兼备，姿态优美，即使不是花期，也像是一件活的艺术品。

兰花香气清冽、醇正，兰花多用于茶，也可用来熏茶；还可做汤等菜肴。

三、看一看亚洲第一的天坑

亚洲第一天坑（见图7-21），也是世界第一人工天坑，即武汉钢铁集团

图7-21 亚洲第一天坑

公司（简称武钢）大冶铁矿的露天采石场，位于湖北铁山境内。大冶铁矿是中国一部冶金矿业发展文明史，是中国近代史上第一座采用机械化开采的大型露天矿山，具有极高的史料价值、工业文明的见证价值和旅游价值，不仅是我国千年矿冶文化的重要

的组成部分，而且见证了我国近代钢铁工业发展的历史。

226 年，大冶铁矿进行了第一次有史可鉴的采矿活动，距今约 1790 年。从孙策筑炉、岳飞锻剑，到张之洞洋务建厂，盛宣怀成立汉冶萍公司，再到现代的大冶铁矿开采，它成为我国第一家用机器开采的大型露天铁矿，备受世界瞩目。现在的天坑坑口面积达 108 万平方米，相当于 150 个标准足球场大小。经过千年的开采，形成了一个落差达 444 米的世界第一高陡边坡。专家称：这样规模的露天采场，是世界矿业史上的一个奇迹！是全亚洲最大的天坑！它已成为我国矿冶文明的"鲜活史书"。

1890 年，大冶铁矿成立，并正式对天坑所在地的矿区进行露天开采。1905 年，大冶铁矿与萍乡煤矿、汉阳铁厂合并组成汉冶萍公司，翻开了我国近代工业文明厚重的一页，而且"汉冶天坑"的名字即源于此。新中国成立后，中央决定重建大冶铁矿，并以此为原料基地，兴建武钢。1952 年，我国在这里组建了第一支大型地质勘探队进行铁矿资源勘探，累计探明资源储量铁矿 1.6 亿吨，铜矿 67 万吨，金矿 40 吨。到 1980 年，大冶铁矿已建成高度机械化采选联合生产的大型矿山，成为中国十大铁矿生产基地之一，实际采选生产能力达到 300 万吨，被誉为"武钢粮仓"。

经过近 50 年的大规模开采，大冶铁矿已消耗铁矿储量 1.3 亿吨，到 21 世纪初，其铁矿资源保有储量已不足 3000 万吨，被国家列为"危机矿山"。

为了治理生态环境，该矿投资数千万元形成了亚洲最大的硬质岩复垦基地。2006 年 7 月，以大冶铁矿区、铜绿山古铜矿遗址区组成的"一园两区"，经国家矿山公园评审委员会评审通过，确认为大冶（黄石）国家矿山公园，规划面积为 23.2 平方千米，是中国首座国家矿山公园。大冶（黄石）国家矿山公园以工业旅游为核心，分地质环境展示区、采矿工业博览区和环境恢复改造区三大块。

在离大坑不远的复垦生态观光区，展现在眼前的是一望无际的刺槐林和满眼醉人的绿意。

然而，20 年前这里还是寸草不生的连片废石排放场。大冶铁矿在新中国成立后，开采量骤增，在为国家经济建设做出巨大贡献的同时，也付出了沉重的环境代价：因露天采矿大冶铁矿排放出 3 亿多吨的废石，形成了占地面积达 400 万平方米的废石场，且所排废石多为大理岩、闪长岩等坚硬岩石，这些岩石的块径在 0.2 ~ 1.2 米，石质硬度大、难风化、不保水、难固氮，不具备植物的生长条件，普通植物难以生长。长年累月的堆放废石导致该地出现了大面积寸草不生的连片废石排放场，原本冰冷的石头，在寒风中，更显冷意；更为糟糕的是雨天，雨水冲散沙石，堵塞道路，让行人寸步难行。

"要改变矿山日益恶化的生态环境，必须在废石场上植树，走出一条前人没有走过的路。"面对此情景，大冶铁矿的创业者在思考。

早在 20 世纪 80 年代中期，大冶铁矿陆续投资几千万元，并联合相关科研院所，成立专业绿化队伍，积极开展矿山环境恢复治理工作。通过反复试验，他们终于攻克了硬岩条件下耐旱、耐贫树种的选定难关，成功探索出了在硬岩废石场不覆土的条件下种植刺槐等树木，并开始对已成形的废石场进行绿化复垦，如今已经是绿树成荫，大见成效。

近 20 年来，该矿每年组织数千人上山植树造林，出现了"父子兵""娘子军""白发团"等志愿服务者，经过不懈努力，如今大冶铁矿的东露天采场、洪山溪尾矿坝等五个绿化复垦基地已是林木扎根，绿树成片。昔日的废石堆放场变成了面积达 366 万平方米，相当于 10 个天安门广场大小的亚洲最大的硬岩绿化复垦基地，创造了"石头上种树"的奇迹，形成了"石头的森林"的生态奇观。

生态环境得到了有效恢复，同时，复垦林吸收了空气中的有害成分，每年还释放出大量的氧气，进一步改善矿区的空气质量。随着公园知名度的不断提升，前来旅游的人也越来越多。原先的废石堆放场成为旅游休闲、接受生态教育的好地方。

三千年的矿冶古都，因矿而兴，也为矿所困。黄石铁山在历经一个世纪的采掘后，濒临枯竭的矿产资源和稀缺的土地已成经济社会发展的瓶颈。为了扭转形势，铁山区以工矿废弃地综合开发试验区为契机，努力向第三产业转型，从"钢铁工业摇篮"到"世界铁城"，走上了特色转型之路。从另一个意义上来讲，它的成功转型标志着人类从战胜自然到与自然和谐相处的转变，是黄石人民生态文明建设成效的一个缩影。

四、游一游风景秀丽的雷山

雷山风景区位于大冶市城区以西15千米的陈贵镇境内，是鄂东南重要的风景名胜之一。山下长港环绕，水库辉映；山上奇松怪石，胜景纷呈。风景区总面积54.8平方千米。最高峰猫儿伏海拔774.9米，辖3个景区，即小雷山景区、天台山景区、大泉沟景区。雷山风景名胜区是一处集观光、休闲度假、科普教育、弘扬佛教为一体的风景名胜区，先后被评为省级森林公园、黄石市市级风景名胜区、国家AA级风景名胜区。

1. 地灵人杰小雷山

绵绵小雷山（见图7-22），以石景精奇闻名。大自然的鬼斧神工，把她雕塑得千姿百态，别具神韵。小雷山以她那独特的熠熠英姿和迷人风骚，以其自然风光和神奇怪异令人心驰神往。跟着石走，是一种探索，也是一种追求，抖擞出一种气派和灵光，留下毕生无穷回

图7-22 小雪山

忆。石，能光亮灵魂；石，能陶冶性情。小雷山，集石文化之精髓。古今吟咏小雷山石景的锦制华章数以千计，石城、石屋、石床、石浪、石棺、石狮、石松、石笋等反复被人传诵。

小雷山不仅石景称绝，而且地灵人杰，文风鼎盛，箕裘可继。妇孺皆知的大冶"一贤二仙三阁老"之贤人万止斋，神仙铁拐李、东方朔，阁老余必迪、余玉节、余顺明和明万历宰相吕调阳、清康熙相国余国柱、明嘉靖寿相方万荣等都出自小雷山一方；还有著名的张裕钊、柯瑾、范俊、向日红之佳城也在附近。小雷山可谓文化密集，仕宦层出。

2. 佛教圣地天台山

天台山（见图7-23）景区为大冶三台（天台、云台、宫台）之一，亦居大冶四大名山（天台山、东方山、龙角山、黄荆山）之冠，自古以来为佛

图 7-23　天台山

家静修、弘扬佛法之胜地。景区自然景观秀丽独特，古木参天，环境静谧，石林、石牙非常奇特。竖井深邃，泉水淙淙。众多的自然与人文景观汇成了天台山景区响洞生云、锡泉印月、经楼听雨、石镜照人、方朔书堂、白水灵台、源公古塔、莲峰积翠等八大景和天台鼓架、石径征途、丛竹参天、四围僧塔、白果迎宾等五小景。景区亦是大冶首屈一指的佛教胜地，其佛教肇始于唐初，振兴于南宋，至今仍有源公古塔等遗迹耸立。景区佛教活动频繁，拜佛观景的客人接踵而至，其佛教渊源与武汉归元寺同一时期、同宗共祖，是鄂东南地区不可多得的旅游开发胜地。

3. 黄石九寨大泉沟

大泉沟沟长约 10 千米，一年四季溪流潺潺，曲曲折折，时而平缓，时而陡峭，形成了形态各异的泉流瀑布，如青山吐玉，似仙女织锦。"滚油锅""泥鳅背""龙潭映月""黄牛献泉"等惟妙惟肖。行走其间，泉水声、鸟语声、林涛声交融互济，嘤嘤成韵，让人如入仙境，心旷神怡，大自然的杰作令人赞叹不已。大泉沟山奇、水秀、泉美、谷幽，被人们称为"黄石的九寨沟"，是一处环境优美的生态旅游休闲胜地。

大泉沟的石灵屋水库，那一泓碧水，碧绿如镜。山清水秀，波光潋滟，湖光山色，相映成趣。成群结队的马儿、牛儿，或怡然自得地静卧在如茵的绿草地上，或津津有味地吃着肥美的青草。大泉沟繁花似锦，树木茂盛葱郁，浓荫蔽日。到处是奇花异卉，奇草异木，奇瓜异果，奇山异石，鸟语花香。行走在青纱帐、芦苇丛中，徜徉在溪流瀑布间，在寂静如天籁般的大泉沟里，泉水叮咚声、溪流潺潺声、瀑布飞流声、啁啾鸟语声、风吹林涛声，仿佛合成了一曲优美动听的天然交响乐，令人感叹大自然的美妙和神奇，回味无穷。

雷山风景区既有雄伟壮丽的自然风光，又有悠久灿烂的人文资源。风景形胜星罗棋布，古树、幽洞、异泉、奇石自然天成，民俗风情神秘多彩，青铜文化底蕴丰厚。矿冶之乡，久负盛名。它是一道别致的怪石城，一幅秀丽的风景画，一道流畅隽永的山水诗。

※思考与讨论※

1. 结合生产实际，谈谈湖北常见树种的形态特征、繁殖方法和在栽培管理中应注意的问题。

2. 谈谈常见花卉的特征和鉴赏感受。

3. 结合雷山风景区的地质、人文、生态、旅游价值，谈谈生态环境保护和生态文明建设的重要意义。

4. 从亚洲第一天坑形成和治理的过程，以及复垦生态观光区的建设成效，从人与自然关系的角度，谈谈你参观黄石矿山公园的感想。

户外实践　到大自然中感受生态

参考文献

[1] 刘湘溶. 生态文明论[M]. 长沙:湖南教育出版社,2011.

[2] 陈宗兴. 生态文明建设[M]. 北京:学习出版社,2014.

[3] 徐海红. 生态劳动与生态文明[M]. 北京:人民出版社,2014.